어떤 날

6

travel mook
어떤 날 6

초판 1쇄 인쇄 | 2015년 8월 5일
초판 1쇄 발행 | 2015년 8월 12일

글, 사진 | 강윤정 강정 김민채 김사과
        박연준 송승언 신해욱 위서현
        이제니 장연정 정성일 정혜윤

펴낸이, 편집인 | 윤동희

편집 | 김민채 계선이 박성경
기획위원 | 홍성범
디자인 | 이진아
종이 | 매직 패브릭 아이보리 220g(표지)
     그린라이트 80g(본문)

마케팅 | 방미연 최향모 유재경
홍보 | 김희숙 김상만 한수진 이천희
제작 | 강신은 김동욱 임현식
제작처 | 영신사

펴낸곳 | (주)북노마드
출판등록 | 2011년 12월 28일 제406-2011-000152호

주소 | 413-120 경기도 파주시 회동길 216
문의 | 031.955.1935(마케팅)
      031.955.2646(편집)
      031.955.8855(팩스)
전자우편 | booknomadbooks@gmail.com
트위터 | @booknomadbooks
페이스북 | /booknomad
인스타그램 | booknomadbooks

ISBN. 979-11-86561-10-2   04980

      978-89-97835-15-7   04980 (세트)

○ 이 책의 판권은 지은이와 (주)북노마드에 있습니다. 이 책 내용의 전부 또는 일부를 재사용하려면
  반드시 양측의 서면 동의를 받아야 합니다. 북노마드는 (주)문학동네의 계열사입니다.

○ 이 도서의 국립중앙도서관 출판예정도서목록(CIP)은 서지정보유통지원시스템 홈페이지(http://seoji.nl.go.kr)와
  국가자료공동목록시스템(http://www.nl.go.kr/kolisnet)에서 이용하실 수 있습니다.
  (CIP 제어번호: CIP 2015020492)

○ 이 책에 사용한 사진 중 일부는 istockphoto.com을 통해 저작권 계약을 맺은 것입니다.
  저작권법에 의해 한국 내에서 보호를 받는 저작물이므로 무단 전재 및 복제를 금합니다.

○ www.booknomad.co.kr

○ [어떤 날]은 북노마드가 비정기적으로 발행하는 '소규모 여행 무크지'입니다.

어떤 날

6

travel mook

Listening to the space

여행, 음악

북노마드

prologue

그리고 마지막에 아마도 가장 중요한 것이 온다.

작품을 다 마치고 (혹은 연주를 다 마치고) 맛볼 수 있는

'내가 어딘가 새로운, 의미 있는 장소에 이르렀다'는 고양된 기분이다.

– 무라카미 하루키

contents

Listening to the space
여행, 음악

ⓒ 이지희

Stand Up
Sister

글　강윤정
사진　강윤정, 이지수

fz

구마노코도熊野古道를 걷고 있다. 이곳은 지난 2004년 고야 산과 함께 세계문화유산에 등록된 참배 길이다. 우리는 6.9킬로미터짜리 코스를 골랐다. 대략 두 시간이 걸리며 난이도가 낮은 코스라고 했다. 중간중간 마을이 나와 지루함 없이 걸을 수 있다. 게다가 날씨도 따뜻하다. 한국은 영하 10도라던데 지금 이곳은 영상 15도. 꽃도 피었고 열매도 맺혔다. 2월 말의 봄이라니! 봄은 한껏 놀라고야 마는 계절이다. 세상에 나 이런 하늘, 이런 바람, 이런 색깔, 이런 일교차, 이런 냄새…… 겉옷을 벗고 앞서 느끼게 된 봄 햇살에 몸을 맡긴다. 왠지 마음이 너그러워진다.

마을을 지나 다시 참배의 길로 들어서면 양옆으로 쭉쭉 벋은 수천 수만 그루의 늘씬한 나무들이 빽빽한 그늘을 드리운다. 이름을 몰라 우리는 그냥 '바코드 나무'라 부른다. 여행에서 돌아와 이 나무들이 삼나무와 노송나무라는 것을 알게 될 터였다. '바코드' 사이사이로 가느다란 바람 소리가 들린다. 처음 들어보는 소리. 손가락 사이로 흘러내리는 모래나 바람 부는 날 초원을 걷는 말갈기에 귀 기울이면 듣게 될까. 고요함에도 소리가 있다면 아마 이런 소리일 것이다.

걸음이 유난히 빠른 나와 꽤 느린 너의 사이가 점점 벌어진다. 얕은 오르막과 내리막이 이어진다. 너는 무슨 생각을 하며 걷고 있을까 궁금하네, 하는 생각을 하며 걷는다. 어느새 노래도 흥얼거린다. "이소가, 나이데에, 아이사, 레루, 고토니이…… 오카네다, 케데와, 미타사레,

나이와, 야, 리타이, 고토니, 사카, 라에, 나, 이, 와아." 숨이 점점 가빠져 이상한 데서 톡톡 끊으며 엉망진창인 채로 반복한다. 사랑받는 일에 서두르지 말라고, 돈만으로는 다 채워지지 않는다고, 하고 싶은 일을 거스를 수는 없다고 하는 내용의 가사만을 반복하고 있다. 이 부분밖에 기억나지 않기 때문이다. 뭐야, 뭐지 이 노래, 뭔데 부르고 있지…… 영문을 몰라 어리둥절해하는데, 아, 맞다, 유키Yuki의 〈Stand Up! Sister〉였구나. 어젯밤 네가 들려준 노래.

●

시작은 홍대 앞 어느 일본인이 운영하는 카페, 그곳에서 맛볼 수 있는 일본 디저트 '안닌도후'였다. 일본에서 생활한 적이 있는 우리 둘에게 안닌도후는 프루스트의 마들렌 못지않은 음식이었던 바, 이야기는 자연스럽게 "일본에 가고 싶다"로 이어졌다. 그리고 정신을 차려보니 우리는 간사이로 향하는 저가항공 티켓을 손에 쥔 채 공항에 도착해 있었다.

고베에서 이틀을 보냈다. 고베는 이번이 세번째. 매번 느끼지만 무척 아름다운 도시다. 오사카가 발산형이고 교토가 수렴형이라면 고베는 그저 흐르는 대로 모든 걸 가만히 두는 곳 같단 느낌을 준다. 많은 일을 겪은 곳이 갖는 특유의 차분함이랄까.

이른 아침의 하버랜드 대관람차는 수리중이었다. 관람칸이 모두 빠져 살만 남은 대관람차는 처음 봤다. 홀가분해 보였다. 우리는 천천히 걸었다. 두서없이 이 얘기 저 얘기를 나누었다. 그곳에서 우리는 관광객도 이방인도 아니었다. 일본 특유의 냄새를 '목욕탕 냄새'라고 기억하는 너와 '초밥 냄새'라고 기억하는 나는 각자 낯설고도 익숙한 공기를 천천히 호흡했다.

우리는 한국에서 참 자주 만나는 편이고 거의 모든 이야기를 공유하는데 이번 일본 여행은 확실히 다른 느낌이다. 생각해보면 우리는 늘 이야깃거리를 가지고 만났고, 한정된 시간 안에 그것들을 주고받아온 터라 이렇게 시간과 공간이 확장되어 있는, 게다가 각자 특별한 시절을 보낸 곳에서의 시간은 생각했던 것과 많이 다를 수밖에 없었다. 우리는 자주 침묵했고 상념에 빠져들었다. 이동하면서는 책을 읽었고, 밤이 오면 하나는 일찌감치 잠자리에 들고, 하나는 슬쩍 나가 술 한잔을 하고 들어오기도 했다.

●

노천탕에 몸을 담그고 구마노코도를 걷기 위해 우리는 고베 산노미야에서 오사카 난바로, 와카야마의 기이타나베로 네댓 번 전철을 갈아타야 했다. 전철 시간을 맞추려고 캐리어를 들고 뛰기도 여러 번. 마지막으로 한국의 시내버스와 비슷하게 생긴 류진버스를 타고 두 시간여를 더 들어갔다. 일본에 사는 동생이, 일본인도 가지 않는 시골에 여섯 시간 가까이 걸려 가는 이유가 뭐냐고 의아해했던 게 이해되었다. 우리는 그저 딱 하루, 노천탕에 몸을 담그고 구마노코도를 걷고 싶었을 뿐…….

인적이라곤 찾아볼 수 없는 동네를 산책했다. 우리가 머물 료칸 '가와유 미도리야川湯みどりや'는 와카야마 현 구마노 강의 지류인 다이토 강을 수원水源으로 삼고 있었다. 강의 특정 지점을 파면 온천수가 나오는 지역이라 강줄기를 따라 걷다보면 뜬금없이 '여기서부터 저기까지는 노천탕' 하고 표시가 되어 있었다. 강물에 손을 담그면 오른손은 얼음장 같은 강물, 왼손은 체온을 훌쩍 넘긴 온천수. 잔잔히 흐르던 강물이 어느 지점부터는 열기에 김을 펄펄 내기 시작하는 건 내 손이 직접 느끼고 있음에도 믿기 어려운 광경이었다.

료칸으로 돌아온 우리는 간단히 몸을 씻은 뒤 료칸 뒤 노천탕에 몸을 담갔다. 지척엔 차디찬 강물이 흐르고 그 너머로는 숲. 물소리와 새소리, 우리의 목소리뿐인 완전히 낯설고 신선한 곳. "좋다." "응, 정말 좋다." "어쩜 이럴 수 있지?" "여긴 정말 비현실적이야." 몸이 데워졌다 싶으면 잠시 나가 강을 따라 걷고, 선선해진다 싶으면 다시 몸을 담갔다. "언젠가 꼭 한번 다시 오고 싶어." 이제 막 도착해서는 다음을 바라게 되는 곳이 있다.

우리는 노곤하고 말랑해진 몸에 유카타를 걸쳤다. 다다미방에 번데기처럼 누웠다. 울창한 숲이 통유리창 너머 가득했다. 숲을 바라보는 너, 너를 바라보는 나. 한동안 말이 없던 우리는 누가 먼저랄 것도 없이 아이폰에 담긴 노래를 서로에게 들려주기 시작했다. 한 곡씩, 네가 나에게. 내가 너에게.

'그럴 수 없이 사랑하는 나의 벗 그대여 / 오늘 이 노래로 나 그대를 위로하려 하오. / 하루하루 세상에 짓눌려 얼굴 마주보지 못해도 / 나 항상 그대 마음 마주보고 있다오.'

나는 매일 반복해 듣던 강아솔의 앨범 「당신이 놓고 왔던 짧은 기억」에서 몇 곡을 골랐다. 〈그대에게〉는 특히 너에게 꼭 들려주고 싶은 곡이었다. 생각해보니 10년도 더 된 일이다. 싸이월드 미니홈피 파도타기로 네가 내 미니홈피에 들어왔던 것. 같은 대학에 다니고 있었고 우리 둘을 모두 아는 친구도 있었지만 우리는 한국에서는 한 번도 만나지 못했다. 각자 다른 이유로 일본으로 떠났고, 우연히 그 시기가 겹쳤고, 우리는 마침내 우에노에서 처음 만났다. 오랜만에 한국어로 실컷 이야기를 나누었다. 적당히 취해서는 자전거를 몰고 너는 북쪽으로 나는 남쪽으로 향했지. 그날 이후 매일매일 서로에게 장문의 메시지를 보내며 타지 생활을 다독였던 것, 그게 벌써 7년 전 일이다.

"그때 참 힘들고 행복했지."

한 시기가 끝나고 그 시기를 더이상 돌아보지 않게 되었을 때 비로소 조금 더 성장하는 것이라면 우리는 아마 내내 미숙할 것이다. 하지만 그 시기를 떠올리며 키득키득 웃고, 또 작게 한숨 쉬는 너의 뒷모습을 보며 나도 덩달아 웃거나 애틋해하거나 하고 있자니 왠지 마음이 든든했다. 줄어드는 가능성과 좁아지는 선택지들 사이에서 때때로 갈팡질팡하는 삼십대가 되었지만, 그래도 우리 꼬박꼬박 살아와 이만큼의 기억, 이만큼의 웃음과 한숨을 가지게 되었구나, 장하다 우리, 하는 마음.

각자의 플레이리스트가 줄어들수록 창밖은 어두워졌다. 너의 뒷모습은 그림처럼 실루엣만 남았다.

다음 곡은 네 차례. 조용한 곡만 틀던 나에게 신나는 곡으로 답하던 너는 갑갑한 출퇴근 시간에 자주 듣는다며 발랄한 제이팝을 골랐다. "'주디 앤 마리' 알지? 거기 멤버야. 유키. 목소리만 들으면 되게 어린 느낌인데 우리보다 열 살 많아!" 과연 그러했다.

'일어서요, 불을 붙여줄 테니까. 춤추게 하는 건 빛나는 소리예요.'
'일어서요, 내가 함께할게요.'
'일어서요, 터프한 세상에서 살아남는 거예요.'

맞다. 막상 이 노래를 네가 들려주었을 땐 유난히 '일어서라'는 가사가 많다는 생각을 했었다. 제목 때문이었을까, 모로 누운 채 들어서였을

까. 사랑스러운 목소리로 자꾸만 일어서라고 하니 아, 그럼 이제 슬슬 저녁을 먹으러 갈까 싶었다. 추억에 잠겼던 번데기 두 마리는 어디로 갔는지 우리는 서둘러 일어났다. 너무 오래 한 자세로 있었나보다. 어깨와 목이 삐걱거렸다.

료칸 특유의 예쁘고 적은 양의 각종 요리와 일본 술 한 병을 앞에 두었다. 너는 내 유카타 차림을 마음에 들어하며, 술병까지 들고 있으니 꼭 에도 시대의 술 빚는 여인 같다 하였다. 나는 맞장구치며 "술은 팔아도 웃음은 팔지 않는"이라 하였고, 너는 또 맞장구치며 "그럼 나는 웃음은 팔되 마음은 팔지 않는"이라고. 뜻 없는 농담을 주고받으며 맛있는 음식을 꿀꺽꿀꺽 넘기니 어느새 짧은 여행의 마지막 밤.

술병을 들고 낮에 들어간 노천탕에 다시 몸을 담갔다. 취중입욕은 그야말로 근사했다. 숲은 검은 벽이 되어 있었고 강물 소리만은 그대로였다. 평소에 잘 웃지 않는 내가 자꾸만 실실 샐샐 웃어대니 너는 "웃음은 팔지 않는 에도 시대 여인인데 웃으면 안 되지!"라고 핀잔을 주었다.

하늘엔 별이 쏟아지고. 별이 쏟아지고. 또 쏟아지고.
그리고 우리는 하염없었다.

●

뒤를 돌아보니 멀리 네가 보인다. 카메라를 들고 나를 찍고 있다. 너의 카메라에는 내 뒷모습이, 내 카메라에는 뒤따라오는 너의 앞모습이 많이 담기겠지. 그치만 나는 자꾸 어제 본 너의 뒷모습이 떠오른다.

사랑받는 일에 서두르지 말아요, 돈만으로는 다 채워지지 않아요, 하고 싶은 일을 거스를 수는 없어요, 일어서요, 내가 함께할게요, 터프한 세상에서 살아남는 거예요, 띄엄띄엄 흥얼흥얼 다시 불러본다. 속도를 늦추고 네가 가까워지기를 기다린다.

강윤정 / 문학 편집자이다. 소설 리뷰 웹진 〈소설 리스트 sosullist.com〉의 필진으로 참여하고 있다.

내 어둠이
당신에게
빛의 소리로
울릴 수 있다면

글,사진 강정

두번째 프랑스 방문. 날아가는 비행기에선 11시간 중 절반을 기내 오디오 메뉴로 베토벤 교향곡을 들었다. 창공에서 펼쳐지는 귀머거리 사내의 고뇌와 환희는 웅대하기보다 서글펐다. 좌석 모니터로 살핀 하늘은 구름의 끝없는 행렬. 고도 삼만 팔천 피트라는 게 사람을 얼마나 작고도 첨예한 미물로 만드는지 새삼 실감했다. 이상한 감상이었고, 느닷없이 멀어진 지상이 기나긴 꿈속 같았다. 베토벤이 살았던 시대와 지금이 둥근 하늘의 한 지점에서 위화감 없이 초고속으로 접선하는 기분이었다. 음악이 주는 조화로움이란 이런 게 아닐까 싶었다. 이를테면, 사람의 정신이나 마음이 육체를 벗어난 궁극의 지점에서 그 어떤 시간적·공간적 제약 없이 두루 얽혀 단 하나의 커다란 지평만 마주하게 만드는 것. 그렇게 순간 속에서 빛을 내고 순식간에 다시 끝없는 어둠 속으로 가없이 추락하는 것. 그 매개로서의 소리란 단순한 공기 파동의 울림을 넘어 그것을 경험하는 육체의 미세한 지점까지 영원으로 귀속시키는, 충만하고도 아득한 원근감의 질료였다. 갑자기 죽고 싶었다. 한없는 구름의 행렬 속으로 한 점 물방울로 스며 이전에는 알 수 없었던 물질로 지상에 다시 태어나고 싶었다. 그건 죽고자 하는 게 얼마나 강렬한 의지이며, 삶을 내던지고자 한다는 게 이전에는 겪어보지 못한 더 크고 뜨거운 세상 속에서 스스로를 확인하고자 하는 맹목의 욕망임을 일깨우는

것이었다. 그리고 한동안 깊이 잠들었던 것 같다. 천공의 잠은 지상에서의 오랜 나날들을 꿈으로 되돌리고 있었다. 깨기 싫었고, 일체의 속도감도 느껴지지 않는 비행기 안이 수백 명을 집단으로 배태한 우주의 자궁 같았다. 깨고 나면 마주칠 세상이 두렵고 아스라했다. 곧 도달할 그곳이 다른 나라여서가 아니었다. 고백컨대, 내가 내가 아닐 것 같아서였다. 여태까지의 삶이 이미 다 읽어버린 잡지의 낱장처럼 그림자 뒤로 펄럭거리며 사라질 것 같은 기분. 이국으로 날아가고 있는 게 아니라, 태어나기 전으로 귀환하여 세속에선 전혀 기록되지 않은 먼 핏줄의 발원처로 떠밀려가는 것 같았다. 그러다가 깨었더니 어느덧 고도가 급속도로 낮아졌다. 이어폰 속에서 베토벤의 선율과 지상에 맞닿아 짐짓 예민해진 귓속 이명이 불협화음으로 엉켰다. 육체의 통증이 기계 속에 저장된 먼 시대의 고통과 싸우는 느낌이었다. 이어폰을 뺐다. 기체의 작은 웅성거림과 귓속의 뻑뻑한 통증만이 뇌리에 맴돌았다. 그리고 착륙. 커다란 짐을 챙겨 내렸으나 그보다 더 큰 짐을 하늘에 두고 온 것만 같았다.

●

3년 만에 찾은 파리는 사뭇 달랐다. 당연히 이곳이 나를 기억하지 못할 거라고 생각했다. 누구도 나를 알지 못한다는 것. 그것은 참 마음 편하고 홀가분한 일이다. 동행한 사람들과의 여러 일정이 있었으나, 그건 외려 한국에서 겪는 사소한 일상이나 다를 바 없었다. 이곳이 외국이라는 걸 실감하는 건 혼자 짬을 내어 낯선 거리를 걷거나 상점에 들어가 물건을 살 때였다. 말도 통하지 않고, 내가 한국인인지 일본인인지, 이 나라 말을 할 줄 아는지 모르는지, 마음속에 꽃을 품었는지 총을 품었는지 아무도 알 수 없다는 사실이 나를 자유롭게 했다. 누구에게 총을 쏘든, 또 다른 누구에게 꽃을 안기든, 내가 하는 모든 행동이 그 무엇에게도 구속되지 않을 거라는 상상은 현실의 어떤 제약들을 일시에 뛰어넘게 하는 기분 좋은 망상이었지만, 그렇게 해서 뛰어넘을 수 있게 되는 게 현실의 여러 조건들이 아니라, 오랫동안 스스로 가둬두었던 나 자신에 대한 부정적 편견일 거라는 자각은 분명히 있었다. 다시 말해, 나는 '내가 생각하는 나' 속에 오래 갇혀 있었던 것이다. 그건 스스로 만든 감옥이자, 나를 알고 있는 많은 이들이 나를 감별하며 그어놓은 불합리한 관계의 굴레였다. 그걸 깨고 부수기 위해 프랑스에 온 건 물론 아니지만, 이곳

에 도착하고 이틀 정도가 지나자, 나는 내가 가둬놓은 새나 말 같은 게 스스로 고삐를 풀고 낯선 거리와 하늘을 배회하고 있다는 생각이 들었다. 그래서 평소에 잘 하지 않는 짓을 일삼았다. 사진 찍기였다. 어느 골목, 어떤 사람, 어떤 사물들에게서 내가 잘 알지 못했던 내가 보였고, 그럼에도 그들이 분명 내가 아니라는 사실이 나를 충만하게 했다. 요컨대, 여기서 나는 없었고, 존재하지 않기에 그 모든 게 나일 수 있었다. 그러면서 음악을 들었다. 한국에서 듣던, 너무 익숙하고 몸에 밴 노래들. 그러나 낯선 풍경과 조우하여 그려지는 소리의 형상은 사뭇 달랐다. 색감도, 그로 인해 발효되는 마음의 정경도 한국에서와는 다른 톤이었다. 심지어 내가 만들어 부른 노래 또한 그랬다. 귀에는 이어폰을 꽂은 채 거듭 사진을 찍었다. 한국과는 다른 하늘 빛, 다른 햇볕, 조금은 더 낮고 분명해 보이는 구름들. 그렇게 반사된 풍경의 전체적인 색감 또한 보다 짙고 분명하고 다채로웠다. 이곳이 왜 화가들의 천국이 될 수밖에 없었는지에 대한 역사적인 증언을 듣고 있는 것만 같았다. 그곳을 떠도는, 그러나 외부로 뻗치지 않고 오로지 이어폰을 통해 나만의 뇌수에 찰랑거리는 음악에까지 그 특유의 색감과 마티에르가 젖어 실제보다 더 오묘한 정경이 마음속에 우거졌다. 음악마저 속을 드러내 소리로 구체화되기 전, 한 뮤지션의 영혼 속에서 떠돌았을 미지의 음향들의 골격마저 햇빛 속에 드러나는 것 같았다. 비와 바람과 햇빛 그리고 사람과 건물과 자동차와 나무들. 나는 그 어떤 것으로 고정되지 않은 채 떠도는, 그럼에도 아무도 주의를 기울여 듣지도 보지도 않는 미생물로 떠돌고 있었다. 그 작고 덧없는 존재감 제로 상태에서 나는 노래를 읊조리고 사진을 찍었다. 내가 실제로 존재하기보다 노래 속에, 사진 속에 미세한 점 하나, 음표 하나로 스며 보다 더한 극미의 반사체로 소멸하길 꿈꾸며.

●

프랑스 체류 8일째, 일요일. 고흐가 생의 마지막 70일을 머문 마을, 오베르 쉬르 와즈Auvers sur Oise에 갔다. 역시 두번째 방문. 마을 전체가 고흐 박물관인 양 전형적인 관광지로 세팅되었지만, 그다지 인위적으로 느껴지진 않는다. 셔터만 대면 그림이 된다는 말을 실감했다. 어디를 둘러봐도 고흐의 그림에서 봤던 교회와 골목과 건물들이 그대로 살아 있었다. 그러나 눈에 보이는 그대로의 아름다움이나 고흐가 직면했을 인간적 고뇌에 대한 사후약방문 같은 사설들은 피하고 싶었다. 고흐가 살던 집을 방문하고, 밀밭에서 총을 쏘고 피 흘리며 내려와 외롭게 죽어간 작

은 방을 둘러보았다. 경사진 천장의 창으로 들어오는 작으나 강한 햇빛. 거기서 밤이면 별을 보며 외로움의 깊이를 측량했을 고흐의 심정 따위를 유추하는 건 불편하고 마뜩찮았다. 다만 괜히 슬프고 뭔가에 화가 났을 뿐이다. 테오와 나란히 누워 있는 무덤가로 오르는 길엔 일부러 동행들과 거리를 뒀다. 고흐가 그랬듯, 철저히 혼자이고 싶었다. 작은 언덕을 오르자 끝이 안 보이는 평원이 나타났다. 고흐의 마지막 작품, 〈까마귀가 나는 밀밭〉의 배경이 된 그 밀밭이 나타났다. 지금은 밀 대신 유채 등 다른 작물들을 키우고 있으나 작은 오솔길이며 하늘, 넓게 구획된 밭의 모양 등은 그림 속 그대로였다. 상투적이게도, 그럼에도 어쩔 수 없이 돈 맥클린의 〈빈센트Vincent〉를 절로 흥얼거렸다. 머리 위를 강타하는 맑고 뜨거운 햇빛에 맞서 더 깊고 어두운 지점으로 영혼의 닻을 내리듯, 원곡보다 더 낮고 침울하게 불러보고 싶었다. 단전에 잔뜩 힘을 주어 내 성량으로는 감당 못할 정도로 거칠고 심원한 저음을 뽑아보려 애썼다. 마치 고흐의 붓질이 그랬던 것처럼, 일체의 가공된 아름다움이나 절제된 기술을 세공하기보다 숨통이 막히고 마음이 둔탁하게 무너져 저절로 동굴이 돼버린 영혼의 암석을 외롭게 끌어올리듯 나를 덜어내고 싶었다. 음악은 일부러 듣지 않았다. 간헐적인 새소리와 대기를 큰 시야로 아우르며 지나가는 태양의 숨죽인 공명을 몸에 그대로 새기고 싶었다. 그렇게 벌판 한가운데 우뚝 서 나무가 되고픈 심정이었다. 바람에 부대껴 저도 모르게 뱉어내는 뿌리의 울림을 해에게 송신할수 없을까 생각했다. 모든 음악이, 모든 그림이 무의미했고, 살아 있는자체가 그림이자 음악이 되는, 보기에 아름다우나 살피면 지옥이 될 어떤 영혼의 주파수가 몸 안에서 떠는 것 같았다. 해를 올려다봤다. 적멸한 영혼의 아련한 연기인 듯 구름 조각이 가늘게 부서져 둥근 빛덩이 근처를 떠돌고 있었다. 거기에 카메라를 댔다. 정확히 포착하기 힘들었다. 숫제 카메라를 보호막 삼아 시야를 가리고 해를 가렸다. 그러곤 거듭 셔터를 눌렀다. 카메라를 내리고 액정을 봤다. 생각보다 어두웠다. 어둠가운데 새하얗게 번지는 빛의 근원이 있었다. 우주가 검다는 사실을 이렇게도 확인할 수 있다니. 렌즈를 거치지 않고 마주보는 풍경은 그러나지나치게 맑고 밝았다. 어떤 게 허상이고 어떤 게 실물인지 짐짓 분간하기 어려웠다. 태양을 마주보면 눈을 멀게 된다는 게 저주이자 축복일 수도 있겠다는 생각이 들었다. 그건 곧 진실을 폭로하면 빛을 잃게 된다는인간의 유구한 허위와 허식을 드러내는 암시 같았다. 그럼에도 진짜 위대한 음악은 빛의 허상이 가려버린 영혼의 깊은 어둠 속에서 발아할 거라는 확신이 들었다. 왜 내가 〈빈센트〉를 굳이 되지도 않는 저음으로 불러보려 했는지 스스로 납득이 되는 기분이었다. 그것은 빛의 베일을 완

전히 걷어낸, 화려함과 찬란함을 완전 무시한, 더 낮고 어둡고 침침한 지점의 소리를 가래 긁어내듯 들춰내 나 스스로를 발가벗기고 싶었기 때문일 것이었다. 거대한 우주의 한 분자로 잔존하며 자신 안에 존재하는 빛의 입자를 산산조각 내 더 큰 우주에 닿고자 하는 것. 그건 얼마나 무모하고 잔인하고 부질없는 짓인가. 그럼에도 그 무모와 잔인과 부질없음에 끝없이 탐닉하는 건 누가 누구에게 부여한 잔혹한 숙명이자 찬란한 어둠의 호사인가. 나는 문득, 음악 폴더를 뒤져 레너드 코엔을 귀에 꽂았다. 그의 목소리야말로 인간의 가장 근원적인 뿌리에 닿아 어둡게 공명하며 빛을 내는, 내가 아는 유일한 어둠의 사제일 수 있으므로.

●

고흐의 무덤을 살피고 내려오자 다시 사람들로 북적대는 세상.
빛이 너무 밝아 통째로 어둠이 되어버린 머리를 이끌고 나는 어떤 귀머
거리와 어떤 장님을 떠올렸다. 그리고 언젠가 그들이 협연할 대지의 보
다 깊고 어두운 빛의 울림에 대해서도.

해는 여전히 뜨거웠다. 시선 끝에 닿는 모든 게 신기루 같았다.

강정 / 1971년 부산 출생. 시 쓰는 남자. 노래를
만들어 부르기도 하고 가끔 연극 무대에 서기도
한다. 시집으로 『처형극장』 『들려주려니 말이라 했
지만』 『키스』 『활』 『귀신』이 있으며, 산문집으로
『루트와 코드』 『나쁜 취향』 『콤마, 씨』 등이 있다.

아마도
우리는,

● track 1. 보물섬

/ 몰래 좌표를 새겨뒀지요. 더는 홀로 헤매지 않도록 그대가 일러준 비밀스러운 언어로.

오빠에게 전해주지 못한 물건이 있다. 김광규 시집 『하루 또 하루』와 편지 한 통. 그것들은 긴 시간 동안 내 방 책꽂이의 시집들과 나란히 꽂혀 있었다. 첫 장을 펼치면 면지에 인사말이 적혀 있다. "D 선배에게. 졸업 축하해요!"

● track 2. 실버 라인

/ 난 우는 방법을 모를 때 참는 법을 먼저 배웠어. 소중한 건 지켜내는 것보다 잃어버리는 게 더 편해.

사무실 서랍에서 오빠에게 선물 받은 포스트잇이 나왔다.

● track 3. 숨바꼭질

/ 그대는 자꾸 헝클어진 나를 풀어내, 버리고픈 내 모습도 소중하다고. 모두가 잠든 한밤중에 몰래 깨어 있어도 모른 척 꿈 인사를 전하네.

그날 교토에는 하루종일 비가 내렸다. 많은 벚잎이 졌고, 많은 새순이 돋았다. 꽃의 절정을 나는 보지 못했다. 바라던 바였다. 다행히도 나는 몹시도 아름다운 그것들을, 누군가를 웃게 하는 장면을, 이내 곤두박질치는 순간을 비에 다 흘려보냈다. 나의 교토는 꽃순을 잃고 꽃잎도 잃고 파란 잎만 무성했다. 앞으로도 이렇게 꽃 지고 잎 자랄 때마다 나는 오빠를 생각할 것이었다. 나는 진부하게도 샤워를 하다가 엉엉 울었다.

● track 4. 깍쟁이

/ 비좁은 내 방으론 그대를 초대할 수 없어, 어두운 내 눈으론 그대를 알아볼 수 없어.

사그라지는 생을 두고 왔다. 하필이면 지금, 하필이면 오늘. 나는 간사이국제공항으로 가는 비행기에 오른다. 두 시간 남짓한 짧은 비행. 마치 도망이라도 치는 모양새로, 나는 가고 있다. 그런데 그사이, 오빠는 나 몰래 가버렸다. 가는 뒷모습을 보여주지 않으려 마음을 먹었던 것인지, 내가 상공을 헤맬 때, 하필 그때. 간사이국제공항에 도착해 줄이 끝도 없이 긴 입국심사대 앞에 선 채 휴대전화를 켰을 때, 메시지는 도착했다. 부고訃告. 내가 아득한 구름 속을 지나는 사이, 오빠는 이제 그만 가

보아야겠다고 생각했나보다. 오빠는 멀어져갔고, 나도 멀리 갔다. 나는 그 죽음의 곁을 지키지 못한 채, 어디론가 가고 있다.

● track 5. 높은 마음
/ 활짝 두 귀를 열어둘게 침묵이 더 깊어질수록. 대답할 수 없는 모든 게 아직은 너의 비밀이라면.

사월은 왔고 꽃순이 여기저기 눈에 띄었다. 곧 벚꽃이 만발할 것이었다. 한날 나는 세월호에 대한 기사를 읽었는데, 희생자의 한 부모님이 했던 말이 잊히지 않았다. 다시 사월이 오고 꽃이 피는 일이 두렵다고, 피는 꽃의 꽃순이라도 다 따버리고 싶은 심정이라고. 그래 할 수만 있다면 피는 꽃순을 다 따버리고 싶은 사월이다. 꽃이 피는 일이 두려웠다. 몹시도 아름다워서, 누군가를 웃게 할 것이라서, 이내 곤두박질칠 것이라서. 교토의 벚나무가 아름다울 시기다. 지난겨울, 이 무렵으로 비행기를 예매해두었던 것도 그 연분홍의 꽃순 때문이었을 것이다. 피지 마, 피지 마, 만개하지 마. 웃지 마. 지지 마, 지지 마, 곤두박질치지 마. 나는 그 꽃순에 너무 많은 것을 바랄 수밖에 없었다. 할 수만 있다면 벚의 절정을 건너뛰고 싶었다.

● track 6. 잡 투 두

/ So why not me? What's so wrong of me to join the stupid race just like them all?

그날 오빠는 멀리까지 배웅을 나왔다. 오랜 치료로 말라버린 몸. 검어진 얼굴. 얼굴빛 때문에 더 반짝이던 하얀 이. 수술 때문에 약 때문에 듬성듬성해진 머리칼. 어울리지 않는 환자복. 헐떡이는 슬리퍼. 지친 몸을 이끌고 오빠는 배웅을 나왔다. 병동. 엘리베이터. 병동. 아니 잘못 나왔어. 다시 엘리베이터. 병동. 복도. 복도. 병동. 수술실. 회복실. 복도. 화장실. 복도. 로비. 복도.
"오빠, 추우니까 이제 여기에서 가요. 다음에 봐요. 맛있는 빙수 먹으러 가요."
다음에 보자고 나는 인사했다. 손을 흔들며 긴 통로를 지났다. 그대로 문을 열고 가려다가 다시 뒤를 돌아봤다. 오빠가 서 있다. 인사한다. 제자리에 서 있는 오빠를 향해 다시 인사했다. 커다란 문을 지나 나왔고, 그러고는 다시는 뒤를 돌아보지 않았다. 바람이 제법 차서 옷깃을 여몄

고, 큰길 사거리에서 낯선 버스를 탔고, 처음 내가 출발했던 곳을 향해 돌아갔다. 다시금 돌아보지 않음으로써 그때 그 모습이 내게 남겨진 오빠의 마지막 장면이 됐다.

그러나 나는 그날 오빠가 어떻게 다시 긴 복도와 수많은 병동과 사람들, 그 긴긴 순간을 거슬러갔는지 알지 못한다. 아마 멀리 배웅을 나온 만큼, 돌아가는 길은 더 많이 아팠을 것이다.

● track 7. 커튼콜
/ 내가 언제 나를 사랑해달랬나요. 네 맘대로 왔다 갔잖아.

병원 카페에서 오빠는 몸에 안 좋을 줄 알면서도 굳이 커피를 마셨다. 마시고 싶다고 했다. 그때 오빠는 이전까지 한 번도 들려준 적 없는 이야기를 내게 들려줬다. 그러니까, 이 아픔 속에서 가장 처절하게 바라게 되었던 것들에 대해. 하고 싶었지만 하지 못해서 못내 후회가 됐던 일들에 대해. 나는 철없이도 기뻤다. 오빠가 하고 싶은 일들을 내게 이야기해주는 것만으로, 오빠가 다 나으면 꼭 그 일들을 하겠다고 스스로의 의지와 스스로의 마음, 목소리, 모든 것을 다해 이 공기에 진한 울림을 전

하는 것만으로 기뻤다.

이야기를 하다가도 오빠가 많이 아파했다. 굵은 신음을 뱉어낼 만큼 고통스러워했지만 나는 아무것도 해줄 수 있는 것이 없었다. 그 아픔을 나누어 가질 수 있으면 얼마나 좋을까, 하고 생각할 뿐. 그저 오빠의 곁에서 멀뚱히, 오빠가 조금 나아지기를 기다릴 뿐. 오도카니. 오빠의 손을 잡아주고 싶다는 생각을 했지만, 그렇게 하지 못했다. 이제와 그때 오빠의 손을 잡았으면 좋았으리라 백번이고 생각해봐야 소용이 없다. 오빠가 없다. 다시는 만날 수 없는 사람이 되었다는 것을, 나는 여전히 실감하지 못하고 있다.

● track 8. 초코바
/ 나는 몰라 나는 몰라, 그 빈자리는 온전히 채워지지 않을 것만 같은데.

한날은 오빠가 내 주소를 물어왔다. 시집과 편지를 보내준다고 했다. 오빠는 '다음'이라는 것이 언제 있을지 모르겠다며, 지금, 그것들을 보내주고 싶다고 했다. 다음날 택배가 도착했다. 내 이름이 적힌 시집과 편지. 쉽게 잊었다는 사실조차 또 잊을 만큼 나는 무심하고 무정하게 다음을 기약했다.

/ 그대를 불러보네 희미한 목소리로 전해지지 않을 것을 알면서도.

오빠는 요샛말로 츤데레 같은 구석이 있는데, 늘 나를 만나면 못 놀려먹어 안달인 사람처럼 장난을 치고 구박을 했다. 무신경한 얼굴로 툭툭 말을 던졌는데 그게 밉지가 않았다. 어쨌거나 오빠는 내 곁에 있었던 것이고, 나를 제대로 바라봐주었기 때문일 것이다. '나'라는 한 인간의 삶에 관심을 가져주지 않으면 내뱉을 수 없는 말장난과 놀림. 그러니까 그 구박이라는 것은 오빠가 내게 던지는 최대의 애정 표현인 셈이었다.

한 시간을 만난다면 55분을 시시껄렁한 농담만 건네고는 마지막 5분 주머니에서 슬쩍 뭐를 꺼내더니 "출판사에서 일하면 이런 게 많이 필요한 거 아니야?" 하고 포스트잇을 건넨다거나, 가방에서 슬며시 내 책을 꺼내어 사인을 해달라는 식. 책을 펼쳐 내가 머리를 파묻고 무어라고 열심히 쓰고 있으면 머리통에 대고 이렇게 얘기했다.

"그런데 나는 이 책에서 ## 부분에 나오는 ###이라는 말이 참 좋더라."

오빠는 나의 글을 읽고 마음에 담아주는 그리고 기억해주는 내 인생 최고의 팬이다.

● track 10. 한강의 기적
/ 이것 봐. 이 짧은 순간 기적처럼 결국 내가 너를 찾아왔어.

나이로 2년, 학번으로 1년 차이가 났던 오빠와 나는 같은 날 졸업했다. 내가 강단에 올라가는 차례에 오빠는, 강단에 선 모습을 찍어주겠다며 내 휴대전화를 가져가서는 웃긴 표정의 셀카를 찍어놓았다. 학사모를 쓰고 웃는 오빠:

그날 학회 후배들에게 졸업 선물을 받았다. 정신없는 틈에 선물을 받고 사람들과 사진을 찍고 인사를 나누고 밤까지 술을 마시고 다음날에야 펼쳐보니, 시집 한 권과 편지 한 통이 담겨 있었다. 그런데 선물을 잘못 받았다. 나는 오빠의 이름이 적힌 시집과 편지를 받았다. 내 이름이 적힌 시집과 편지는 오빠에게 가 있었다. 다음에 만나면 바꿔 갖자며 이야기하고, 나는 몰래 오빠의 편지를 읽었다.

시집 한 권과 편지 한 통쯤, 쉽게 잊혔다. 나는 그 선물을 받았었다는 사

실도, 내가 가지고 있는 선물이 오빠의 것이라는 사실도, 곧 만나서 바꾸어 갖자고 이야기 나누었던 사실도 금세 잊었다. 언제나 쉽게 '다음'을 이야기할 수 있었기 때문이었고, 바쁜 일상이 있다는 핑계를 가졌기 때문이었다.

● track 11. 겨울 독수리

/ 날지 마, 조금만 더 기다려. 정말 너의 맑은 하늘이 열릴 때까지.

오빠가 무심한 듯 다정한 사람이었다면, 아무리 생각해도 나는 그냥 무심하고 무정한 동생이었다. 나는 지난 8년간 오빠의 진심과 다정함을, 모든 호의와 배려를 당연한 것처럼 받았고 곧잘 잊었다.

● track 12. 창세기

/ 그대는 날 이끄는 길, 그대는 날 지키는 법, 수백 만 년 정적을 깨고, 날 흔드는 손.

오빠와 내가 두고두고 회자한, 오빠와 나의 초창기 기억은 어느 쉬는 시간, 인문대 3층 자판기 앞에서 비롯됐다. 유럽 배낭여행 자금을 모으고 있던 나는, 음료수를 마시고 싶었지만 그 500원마저 더 저금하고 싶어 음료를 뽑지 않고 자판기 앞에 오도카니 서 있었다.

"뭐야, 뭐 먹고 싶어? 왜 그러고 서 있어?"

어차피 자기 것을 뽑으면 잔돈이 생긴다며 음료수를 뽑아주는 오빠. 나는 그렇게 악착같이 돈을 모아 한 달 동안 배낭여행을 다녀왔다, 다녀왔는데 오빠 선물을 까맣게 잊었다. 그때부터 몇 년을 오빠는 그 이야기를 꺼내어 나를 놀렸다. 밥도 먹이고 음료수도 먹였는데, 엽서 한 장 안 사오냐, 배은망덕한 녀석아, 하는 오빠 목소리가 저기 저편에 선명하다.

⊙ track 13. 북극성

/ In the dark of night, You were my baby star, 나도 정말 너의 친구가 되고 싶었어.

오빠와 나는 수많은 선배와 후배 그 틈에서 만났다. 정모, 오리엔테이션, 새내기 배움터, 입학식, 개강총회······ 그 어떤 새 학기 행사의 어느 날, 아마 우리는 만났을 것이다.

●● 나는 D 오빠를 떠나보내고 '9와 숫자들'의 「보물섬」이라는 앨범을 수도 없이 들었다. 시디플레이어 안에 CD를 넣어둔 채 듣고 또 듣고. 무수한 반복이었다. 그러던 중 문득 "이 앨범의 트랙 순을 거꾸로 듣고 싶다"는 충동에 사로잡혔는데, 며칠 뒤 9와 숫자들 페이지를 검색하던 중 이 앨범의 트랙 리스트가 시간 역순으로 구성되어 있다는 사실을 알게 됐다. 그때는 다시 음원 사이트에서 음원을 받아 트랙 리스트를 거꾸로 재구성해 들어보았는데, 별다른 의도를 알아차릴 수가 없었다. 이 원고를 쓰기 시작하고서야 내가 가지고 있는 대부분의 추억들이 현재에 가까울수록, 그러니까 역순으로 더욱 뚜렷하다는 사소한 발견을 했다. 일상에서 함께 보낸 아주 작고 무수한 순간들, 우리가 서로를 알게 된 첫 순간 같은 것들은 아무리 애를 써도 선명해지지가 않는다는 사실에 조금 좌절했지만, 다시 문득, 그렇다고 이 앨범을 거꾸로 뒤집어 들을 필요는 없다는 생각이 들었다. 역순의 역순으로 재구성한 트랙 리스트를 지우고, 지금 내게 가장 선명한 D 오빠를 담기 위해 썼다. 이 글 또한 거꾸로 읽어도 무관하다. 그러나 무엇도 거꾸로 되돌릴 수 있는 것이 없다. 오빠가 멀리 갔다.

김민채 / 『더 서울』과 『내일로 비밀코스 여행』 『어느 날 문득, 오키나와』를 지었다. 국어국문학을 공부했고 편집자로 일하고 있다. 1989년 봄에 태어났다.

라나
인 더
페이크
퍼

Lana in the fake fur

글, 사진 **김사과**

fz

공항 화장실 거울에 비친 나는 엄마의 눈으로 볼 때, 검정색 털 이불을 두르고 있는 노숙자 같다. 생태적 시각으로 묘사해볼 때, 영장류보다는 조류에 가까워 보인다. 플라멩코, 도도새, 까마귀…… 거울에 비친 내 모습에서 눈을 뗄 수 없는 건, 물론 순간적으로 이성을 잃어 과소비를 해버렸다는 사실을 받아들이기를 필사적으로 거부하고 있기 때문이다. 카드를 긋는 순간 산드로 생제르맹Saint-Germain 지점의 여직원이 지어보였던 완벽한 미소가 생생하다. 그녀가 길고 긴 순백의 영수증을 내밀며 달콤하게 덧붙였다. "지금 뉴욕에서 입으면 딱 좋겠네요."

할로윈 이브의 정오, 공항을 빠져나오자 늦가을의 나른한 햇살이 폴리에스테르 냄새 폴폴 나는 내 가짜 털 코트 위로 내려앉는다. 방향을 바꿀 때마다 여행 가방을 꼭 잡고 있는 손목이 시큰거린다. 택시—

창밖으로 심심한 브루클린의 풍경이 펼쳐지기 시작하면 머리가 복잡해진다. 세 번 바뀐 시차와 언어가 편두통의 형태를 띠기 시작한 것 같기도 하다. 아까 출국장 근처 카페에 앉아 커피를 마실 때 희미하게 라나델 레이Lana Del Rey의 〈블루진Blue Jeans〉이 흘러나오기 시작한 것이 문득 어떤 암시같이 느껴진다. 그런데 무엇보다 믿기지 않는 것은, 지금 내가 섬에 있다는 사실이다. 그리고 멀리 건물들로 빽빽한, 그 무게를 이기지 못하고 언젠가는, 기어이 가라앉고 말 것처럼 보이는(아니 제발 좀 그랬으면 하는) 또하나의 섬이 나를 향해 다가오고 있다는 사실.

불길하다. 아니 위협적이다. 뉴욕에선 뭐랄까 위협적이다. 모든 게, 뭐랄까…… 내가 적당한 단어를 찾아 헤매는 사이 택시가 윌리엄스버그 다리로 올라선다. 섬에서 섬으로, 다리를 건넌 택시가 빌딩 숲으로 파고든 뒤, 도시가 더이상 한눈에 파악되지 않기 시작하자 괴상하게도 일종의 평화가 찾아온다. 좀더 인간적인 것들이 눈에 들어온다. 가로등과 전광판, 도어맨들, 사람들…… 이 도시에는 사람들이 많다. 그게 위협적인가?

I like your coat. 세포라 여자가 말했다.
It's from Paris. 내가 대답했다.

세포라의 여직원은 내 기대와 달리 별로 놀라주지 않았다. 실망한 내가 돌아서면, 구석에는 한껏 차려입은 채 차례대로 비싼 향수를 목에다가 들이붓는 까질 대로 까진 십대들. 그 옆으로 바구니에 톰포드 립스틱을 색깔별로 쓸어 담는 흥분한 관광객들이 보인다. 굉장히 조심스럽게 생긴 한 여자애가 간이 화장대 위에 네일 에나멜을 열 몇 개 늘어놓은 다음 혼신의 힘을 다해 색칠을 시작한다. 홀린 듯 그 광경을 지켜보던 내 옆구리를 한 여자가 꾹 찌르고 지나간다. 그것은 지금 내가 프레시 진열대를 가로막고 서 있다는 의미다. 뻘쭘해진 나는 구석에 쌓여 있는 블리스의 기프트 세트를 향해 다가가다가, 또다른 직원이 상기된 표정을 한 채 내 쪽으로 다가오는 것을 눈치채고는 도망치듯 가게를 빠져나온다.

세포라에서 나와 직진, 에이치앤드엠H&M을 등지고 난간 앞에 서면

창 너머 컬럼버스 서클Columbus Circle이 눈에 들어온다. 분수대의 물은 말라붙은 지 오래고 짙은 회색 구름 아래 선 중앙의 탑은 살짝 기울어진 게 곧 자빠질 것 같다. 시선을 아래로 하면 지하의 홀푸드마켓Whole Foods Market으로 향하는 에스컬레이터가 보인다. 옆에는 전시중인 새빨간 테슬라 자동차가 있고, 몰려든 구경꾼들이 수시로 그것을 더듬는다. 직원으로 보이는 남자가 영원히 그것을 닦는다. 내 주위, 난간 근처를 어슬렁대는 사람들의 손에는 죄다 아이폰이 들려 있다. 그들의 살짝 구겨진 코트는 비쌀 게 분명해 보이지만 확신할 수는 없다. 마치 방금 에스컬레이터에서 내린 한 무리의 여자들이 하나같이 넘어지지 않고 서 있기도 힘들 정도로 높은 부츠에 올라타 있는 게 사전 약속에 의한 거라고 확신할 수는 없는 것만큼.

센트럴파크 남서쪽 입구에 자리한 타임워너센터Time Warner Center는 밖에서 보면, 꽉 찬 아보카도 스시볼abocado sushi bowl 같아서 보는 사람의 마음을 굉장히 어지럽히는데, 그 안에 갇혀 있으면 그렇게나 쾌적할 수가 없다. 새삼스레, 쇼핑몰은 인류 최대의 발명품이 분명하다. 쇼핑몰의 이 끝에서 저 끝까지 아파트 거실에 갇힌 애완견처럼 빙글빙글 돌며 스피커에서 흘러나오는 뉴에이지 음악에 귀 기울이다보면, 스스로가 그 어느 때보다 쓸데없이 느껴지고, 결국 알 수 없는 힘에 이끌리듯 지하로 향해 구 달러짜리 당근주스라도 한 병 사 마시도록 하는 점이 특히나.

지하 홀푸드의 푸드코트에 있는 사람들은 모두들 조금씩은 주눅이 들어 보인다. 그렇게 비싼 동네에서, 그렇게 비싼 것을 걸치고, 비싼 것을 먹고 마시는 사람들이 전혀 여유롭고 뻔뻔해 보이지 않는다는 것이 흥미롭다. 물론 문 밖을 나서는 순간 더 비싼 것들이 펼쳐져 있기 때문일 것이다. 우리는 맥도날드 부랑자들에 대해서 알고 있다. 요즘은 스타벅스 부랑자들도 있다고 한다. 그리고 여기 홀푸드 부랑자들이 있다. 나는 비꼬려는 것이 아니다. 오히려 미국 자본주의의 독특한 관대함에 대해서 생각하고 있다. 어떤 정말로 배가 고프고 돈이 떨어진 날에 내가 도넛 하나를 들고 나간다고 하면 홀푸드는 나를 전적으로 이해할 것이다. 나는 이것을 미국식 복지 제도라고 이해한다. 그리고 이것이 미국의 유럽에 대한, 적어도 (장발장의) 프랑스에 대한 도덕적 자신감의 근거가 아닐까라고 내가 주장하는 이유는 커피를 너무나도 많이 마셨기 때문이다.

적어도 뉴욕에서, 싸고 맛없고 맹탕으로 유명한 미국식 커피에 대한 편견은 더이상 설 자리가 없어 보인다. 적어도 뉴욕에서, 커피의 경쟁 상대는 코카인이나 애더럴adderall이 분명하다. 뉴욕에 도착한 뒤 지난 며칠간 내가 저지른 여러 가지 바보 같은 일들도 다 커피 때문이다. 멀쩡히 잘 입고 있던 바지를 쓰레기통에 버린다든지, 아베크롬비 앤드 피치의 탈의실에 들어가 거울에 비친 나를 삼십 분 동안 사랑에 빠진 듯한 표정으로 바라본다든지, 별것 아닌 내용으로 한국에 있는 친구에게 집요하게 카톡하며 삼십 블럭을 거슬러올라가 모마MoMA에 도착하면,

흥분과 짜증, 피곤과 허기에 절은 내 눈에 비친 관람객들이 왠지 모르겠지만 루쉰 소설 속 광인들처럼 보인다. 실제로 오늘따라 미술관은 유난히 중국인들로 가득하다. 나는 내가 하는 생각이 인종차별인지에 대해서 생각한다. 오, 나는 몹시 지쳤고, 진한 커피가 필요하다.

Intelligentsia Coffee
Hip, high-end coffee bar
180 10th Ave
New York, NY 10011

허드슨 강 근처의 한 호텔 1층에 자리잡고 있는 이 수상한 커피 집에는 동네에서 가장 수상한 애들이 몰려와 제일로 수상한 방식으로 시간을 보내고 있다. 고급 위스키 바의 표정을 한 채로 커피를 파는 전략이란 금주법 시절이나 청교도 문화에 대한 깊은 향수 같은 것인가? 모르겠다. 어쨌거나 커피는 수상할 정도로 진하고, 한국이 그리워질 만큼 비싸다. 그건 그렇고 왜 이 지나치게 잘 차려입은 남자애들은 누구를 꼬시는 대신 그저 하염없이 아이패드나 들여다보고 있는지에 대해서 왜 난 늙은 히피 꼰대처럼 걱정을 하는지? 궁금해하는 찰나 라나 델 레이가 흘러나온다.

아까 이른 아침의 라콜롬La Colombe에서 흘러나왔던 것도 라나 델 레이였다.

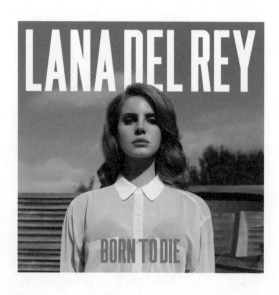

지난주 파리의 산드로에서 코트를 걸쳐볼 때 흘러나왔던 것도 라나 델 레이였다. 어젯밤, 관광객이 모두 빠져나가 후줄근해진 타임스퀘어를 헤매다닐 때 내 이어폰에서 흘러나왔던 것 역시 라나 델 레이. 오늘 모마를 향해 걸으며 구상한, 2065년쯤을 배경으로 한 에스에프 영화에서, 이세이 미야케의 플리츠플리즈를 입은 절대로 늙지 않는 사모님들이 단체로 등장하는 신에서 중요한 것도 배경음악인 라나 델 레이다.

나에게 처음 라나 델 레이를 알려준 사람이 했던 말이 뭐냐면, 걔는 가짜 힙스터야. 그렇다, 가짜. 스텔라 맥카트니의 가짜 가죽 가방이나, 소피아 코폴라의 붕 뜬 영화들 속 모호한 감정들처럼, 어쩌면 내가 이불처럼 입고 덮는 이 코트처럼. 그렇다면 좋은 게 아닌가? 인조가죽은 환경을 보호하고, 가짜 힙스터는 진짜 힙스터들을 불멸로 만든다. 그리고 알다시피, 힙스터는 죽었다고 하며, 라나 델 레이는 슈퍼스타가 됐다. 그 어색한 얼굴을 한 음치·몸치 여자애가 돈으로 예쁜 노래들을 사들이고, 허세스러운 뮤직비디오들을 찍고, 다시 말해 돈으로 돈을 사고, 그러니까 그 모든 게 사기라는 얘기. 하지만 무엇보다 재수 없는 건 그 거지같은 것이 부잣집 계집애라는 거. 근데 그게 바로 사람들이 뉴욕으로 몰려드는 이유가 아닌지. 뭐든지 돈 냄새가 안 나면 어김없이 실망하고 마는 동네가 바로 이 동네가 아닌가. 돈 냄새에 뺨이 달아오르는 사람들. 생각하면 할수록 라나 델 레이가 듣고 싶고, 그저, 생각나고, 어울리는 듯싶고……

궁금하다, 진짜라는 음악이 듣고 싶었던 게 대체 언제인지. 아니 진짜, 라는 데 진짜 관심이 가던 때가 있기는 한지. 모르겠다, 이 도시는 그런 걸 생각하기에 적합한 장소가 아니다. 그렇다면? 그야, 허세스럽게 차려입고 한 손에 커피를 든 채 관광객 따위 아닌 척 바쁘게 걸으며 누군가 몰래 날 찍어 인스타그램 해주기를 기대하고 살피는 거. 해시태그 #newyork. 굉장히 많은 돈을 쓰고, 석연찮은 기분은 뭔가에 취해 감추고, 괜찮다고, 멀쩡하다고, 허약하지 않다는 것을 입증하기 위해 틈틈이 약탈하듯, 하이에나의 기분으로 하루하루를 보내는 것. 그러니까 도대체 내가 왜 여기에 있는지, 도대체 여기에서 내가 뭘 하고 있는지……에 대해서라면 사람들의 손에 들린 스마트폰이 알고 있을 것이다. 누구보다도 완벽하게 이해하고 있을 것이다.

김사과 / 1984년 서울에서 태어났다. 한국예술종합학교 서사창작과를 졸업했다. 2005년 단편소설 「영이」로 제8회 창비신인소설상을 수상하며 데뷔했다. 장편소설 「미나」 「풀이 눕는다」 「나b책」 「테러의 시」 「천국에서」가 있으며, 단편집 「02」, 산문집 「설탕의 맛」이 있다.

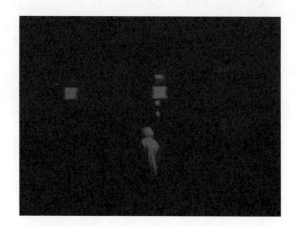

불어오는 것들

- T에게

글 박연준
사진 이지예

fz

●

밤새 비가 내렸나보다.

창문을 열고 밖을 내다보니 거리가 젖어 있어. 숨을 깊이 들이마시니
젖은 나무의 몸 냄새가 콧속으로 훅 밀려들어온다. 얼마 전까지 맞은
편 집에 핀 라일락 향기 때문에 황홀했는데, 지금은 지고 없다. 향기는
형체도 없이 피어나 공간을 채우고는 돌연 사라지지. 음악과 닮았어.
내가 가장 좋아하는 음악은 처음 듣는 음악이야.

가령 카페에 앉아 일할 때. 텍스트를 읽거나 지겨울 때 낙서도 하면서
시간을 보내는데 문득 어떤 음악이 들려올 때가 있어. 처음 듣는 음악.
그것은 흐르는 시간과 타성에 젖은 의식을 잠깐 동안 멈추게 하지. 움직
이던 손가락과 눈꺼풀을 멈추게 해. 마치 뇌에 은하수를 붓는 느낌이야.
지금 나는 영화 〈쉘부르의 우산〉 주제곡을 듣고 있어. 이 음악에는 실
패한 사랑에 대한 처연함과 돌아갈 수 없는 시절에 대한 애수가 담겨
있지. 이상하지. 백 마디의 '의미'보다 몇 분간 들리는 '무의미'로 이루
어진 선율이 마음을 움직이는 일이 더 많다니. 말할 수 없는 것들을 음
악이 말하지. 이렇게 효과적인 언어가 있을까?

지금도 나는 기다려. 처음 듣게 될 음악을.

●

음악, 여행, 사람, 날씨, 꽃.
이들의 공통점은 '태풍'을 몰고 올 가능성이 있다는 거야.
불어오는 것 중 제일은 음악이지.

●

그것은 태풍하고 같이 왔지. 태풍보다 먼저, 혹은 조금 늦게, 겨루기를
하면서.

●

무슨 얘기를 하고 싶은 거냐고, 너는 고개를 갸웃거리고 있을지도 모르겠다. 미안. 태풍과 같이한 여행에 대해 이야기하고 싶었는데, 그만 빙빙 돌고 말았다. 굉장했거든.
떠나기 전에는 몰랐지. 태풍이 멀리서부터 우리를 따라오고 있다는 것을.
알 길이 없었지.

●

짐을 들고 J의 집에 도착했을 때만 해도 신났어. 통영에 갈 생각을 하며, 몇 날 며칠을 들떠 준비했지. 2012년 8월 하순이었고, 아껴두었던 여름휴가를 떠나기로 한 날이었지. 간단하게 짐을 체크하고 떠들며 웃었지. 내가 오래 고민하던 어떤 문제에 대해 얘기를 하다, 말다툼으로 번지고 말았어. J는 '객관적인 사실'에 입각해서 조언을 해준다고 한 거였는데, 그놈에 '객관적인 사실'을 확인하고 받아들일 만큼 내 자존감

이 튼튼하지 않은 날이었지. 그런 날이 있잖아. 가벼운 말에 성이 나서 발톱을 세우게 되는 날. 못생긴 나를 마주하게 되는 날. 우리는 한 시간 동안이나 말없이 있었어. 마치 말하면 죽는 동굴에 들어와 있는 사람들처럼, 입을 닫고 심각한 표정을 지으며 앉아 있었지. 여행을 취소할까 생각했지만, 한순간의 기분 때문에 여행을 망쳐버린다는 것이 억울했고 한심한 일 같아 보였지. 예약해둔 리조트 비용은 또 어떻고.

"가자."

우리는 못이기는 척 짐을 챙겨 차로 내려갔지. 기분이 말끔히 풀어졌냐고? 말도 마. 홍대에서 평택까지, 차를 몰고 가면서 서로 한마디도 안 했단다. 말하면 죽는 동굴이 '차'로 바뀐 거지. 화가 몸을 잠식한단다. 머리는 아프고, 눈은 충혈되고, 입꼬리는 아래로 축 쳐졌지. 이래가지고는 여행 가는 의미가 없겠다 싶어, 우리는 화해를 했단다. 밑도 끝도 없이 우리 풀자고, 서로 머리 아프다고, 싸울 일도 아니었다고 그랬지. 통영까지 이렇게 가다가는 병날 것 같더라고.

'가을방학'의 앨범 「가을방학」을 들으며, 아래로, 아래로 내려갔어. 〈속아도 꿈결〉이라는 노래를 특히 좋아하는데. 이상의 소설 『봉별기』의 마지막 구절에서 따온 제목이야. 금홍이와 이상이 이별하는 장면에서 "속아도 꿈결, 속여도 꿈결"이라는 기막힌 구절이 나오지. 내가 네게 속는

다 해도, 혹은 네가 나를 속인다 해도, 모두 꿈결이라니! 별 수 있나. 가벼운 신발을 신고 평지를 걸어가는 기분을 느끼고 싶어 그 앨범을 반복해서 들었어. 얼굴을 점령했던 열이 아래로 내려가고, 어깨에 얹은 돌멩이도 작아졌어.

●

통영 바다. 색은 깊고 진한데, 물결이 잔잔해서 바다보다는 강 같았어. 장거리 운전으로 피곤해하는 J는 쉬라고 하고, 나는 리조트에서 자전거를 빌렸어. 바다를 끼고 자전거를 탈 수 있게 만든 도로를 달렸지. 얇은 셔츠를 뚫고 들어오는 바람의 질감이 좋더구나. 아, 이게 사는 거구나! 역시 오기를 잘했어! 감탄하며 한 시간가량 자전거를 탔어.
자전거를 반납하고, 리조트로 돌아오는데 바다가 너무 잠잠한 게 걸렸어. 화창하다고는 할 수 없지만 흐리다고도 할 수 없는 묘한 날씨였어. 아주 먼 곳에서부터 어두운 구름 한두 무리가 슬금슬금 기어오고 있다고 해도 믿을 법한, 비밀이 많은 날씨 같았지.
아니나 다를까. 그날 밤부터 뉴스에서 태풍에 대한 보도를 내보냈어.

2012년 여름, 태풍 볼라벤을 기억해? 뉴스에서는 "북서태평양에서 발생한 열다섯번째 태풍 볼라벤이 오키나와를 거쳐 한반도로 북상하고 있다"고 속보를 내보냈어. 태풍이라니!

●

리조트 밖으로 난 자전거 길은 통제됐어. 태풍의 피해를 줄이고자, 리조트 직원들이 유리창에 신문지를 붙였고, 날아갈 위험이 있는 물건들을 건물 안으로 죄다 들여놓았어. 태풍이 닥치기 전에 서둘러 리조트를 떠나는 사람들로 리조트 분위기는 어수선해졌지. 우리도 서울로 돌아갈까 고민했지만, 다섯 시간을 다시 달려 돌아갈 기운이 없었기 때문에 머물기로 했어. 될 대로 되라는 심정이었어. 정말 태풍이 올까? 바람이 거세지는 정도를 느껴보기 위해 이따금 밖으로 나가보았지. 작은 바람들이 큰 바람이 온다고 소문을 퍼뜨리는지, 나뭇잎들이 수런거리며 흔들렸어.

그곳에서 우리가 할 수 있는 일은 '태풍을 기다리는 일'뿐이었어. 제발

무사히 이곳을 통과해, 피해를 남기지 않고 잘 빠져나가주길 기도하는 일뿐. 리조트에서는 바깥출입을 가능한 한 삼가고 뉴스에 귀 기울이라고 당부했어. 나는 자전거를 타던 바닷길을 유리창 너머로 바라보며 갇히고 말았지.

그날 저녁. 창밖을 살피다 알게 됐어. '태풍 전야'라는 말의 정확한 뜻을. 그것은 어둡고, 조용하고, 미스터리한 가운데 '태풍의 씨앗'들의 숨은 몸짓을 감지하는 일이야. 어떤 기미. 아주 먼 곳에서부터 거대한 무언가가 오고 있음을 '실감'하는 일! 무언가의 존재가 다가오고 있음을 그토록 분명하게 느껴본 적이 이전에도, 이후에도 없었어. 자연의 존재를 비로소 실감했단다. 바다는 침울한 청년처럼 잠잠했지. 하늘은 어둡고 붉고 이상한 빛마저 감돌았어. 조금 설레었단다. 철없이. 태풍이 오고 있다. 이쪽으로.

다음날, 뉴스에서는 태풍이 한반도 남쪽을 통과하고 있다고 했어. 우리는 뉴스를 크게 틀어놓고 방에 갇혀 창밖으로 나무 허리가 휘청휘청 기우는 것을 바라보았어. 나무가 꼭 뽑힐 것처럼 보여 두려웠어. 실체가 드러났지. 바로 저거야! 너무 거대해서 형체가 보이지 않지만, 주위에 있는 것들을 벌벌 떨게 하고 휘청거리다 쓰러지게 만드는 것! 참을 수 없다는 듯, 비가 퍼부었어.

이렇게 가까이서 태풍을 바라본 적이 있던가? 통영에서 맞은 태풍. 나는 베토벤의 피아노 소나타 17번 〈템페스트〉의 제목이 왜 템페스트 Tempest, 폭풍인지 알 것 같았어. 창밖으로는 광분한 바람들이 몰려다니지, 하늘에는 먹구름이 가득하지, 개미 한 마리 없이 거리는 쓸쓸하지. 밖에는 '바람의 미친 기분'만 존재하는 것 같더라.

내게 꼭 저런 기분이던 때가 있었는데. 10여 년 전, 고시원에서 두 달 동안 산 적이 있었어. 침대 위에 엎드려 일기를 쓰곤 했던 방. 손바닥만 한 창문도 없는 좁은 방이었어. 그 방에는 작은 텔레비전이 하나 있었는데, 종종 EBS 채널을 틀어놓고 라디오처럼 소리만 들었어. 적적했으니까. 어느 날, 고개를 번쩍 들고 텔레비전 볼륨을 높이게 된 일이 일어났지. 검은 양복을 입은 외국인 피아니스트가 피아노를 치는데, 그 미친 듯이 흘러가는 선율이 꼭 내 내면 같아서 펑펑 울었어. 음악을 들으며 그렇게 울어본 적이 없어. 그날 들은 음악이 바로 베토벤의 피아노 소나타 17번 〈템페스트〉였어. 노트 구석에 제목을 적어놓았지. 한바탕 폭풍이 휩쓸고 지나간 것처럼, 마음속이 휑하더라. 다 날아가버린 것 같았어. 그 고뇌. 폭풍, 폭풍, 폭풍, 태풍.

뉴스에서는 그날 밤이 고비라고 했어. '도로시'처럼 태풍에 휩쓸려간 다면 그것도 좋겠다 싶었지만, 안전하게 살아서 서울로 돌아가고 싶은 마음도 컸단다. 리조트 벽장에 있는 이불이란 이불은 다 꺼내서 바닥에 깔고, 조마조마한 마음으로 잠들었어. 우습지? 이불을 푹신하게 깐들, 정말 태풍에 휩쓸려갈 것이라면 날아가지 않고 버틸 재간이 있겠니? 그렇지만 그때는 그게 할 수 있는 최선이었어.

●

다음날 비가 좀 그쳤어. 태풍은 이제 위로 진로를 바꿀 것 같다고 했어. 다른 곳에서는 피해가 있었던 모양인데, 통영은 다행히 무사히 지나가는 듯 보였어(나중에 알아보니 우리나라에서는 열아홉 명이 숨지고, 북한에서는 쉰아홉 명이 숨지는 등, 큰 피해를 준 태풍이었다고 하더라). 1층에 있는 편의점에서 김밥과 라면을 사다먹는 게 물린 우리는 비가 그친 틈을 타 리조트에서 100미터가량 떨어진 횟집에 가기로 했어. 건물 앞을 나서자마자 나는 돌아섰어. 눈도 제대로 뜰 수 없게 강하게 불어오는 바람에 당장이라도 휩쓸려갈 것 같았어. J는 도망가는 나를 잡고, 꼭 붙어서

같이 가면 금방 도착할 거라고 설득했지. 회를 먹기 위해 목숨까지 걸어야 하나, 두려웠지만 도전했어. 양발에 모래주머니를 달고 걷는 기분이더라. 내가 수수깡처럼 가볍게 느껴졌어. 우화「해님과 바람」의 싸움에서 왜 해가 이겼는지 알겠더라! 내가 입고 있는 옷자락의 모든 단추를 채우고도 양손으로 옷을 꽉 움켜쥐고 걷게 되더라고. 태풍을 뚫고, 회를 먹고, 술도 한잔하고 무사히 살아 돌아왔단다.

다음날 돌아가야 하는데, 태풍이 서울로 가는 경로를 따라 북상하고 있다는 거야. 하루 더 묵었다 갈까 고민했지만, 내 친구 J가 또 용기를 내자고 해서 무모하게 길을 나섰지. 자동차가 붕 뜨는 느낌 아니? 그런 기분 느껴봤어? 누가 등뒤에서 자동차를 밀어주는 기분이라니까. 비는 앞이 안 보일 정도로 쏟아지고, 바람이 거세 창문은 열 수도 없고, 고속도로에는 달리는 차도 거의 없고. 차체가 바람에 미세하게 흔들리며 앞으로 나아갔어. 무시무시한 태풍과 '함께' 서울로 돌아가는 길! 맙소사. 우리가 태풍을 몰고 올라가는 기분이었다니까. 살아 있는 것에 감사해. 고속도로가 얼마나 무섭던지!

●

지금 나는 〈템페스트〉를 듣고 있어. 이 휘몰아치는 선율이라니. 이게 바람의 목소리가 아니고 무엇이겠니? 어떻게 잊겠니. 폭풍처럼 울던 날들. 태풍과 함께한 밤, 태풍과 나란히 달리던 고속도로를. 무엇보다 방 안에서 태풍이 성큼성큼 걸어오는 기척을 감지하며 울렁이던 뱃속의 아지랑이, 아지랑이, 아지랑이들.
생각하면 조금 슬프다. 누군가는 죽었으니까.

4월에 많은 사람들이 죽고 나서, 템페스트를 떠올렸어.
자연보다 나쁜 날씨는 어른들이 몰고 오지.
정신을 똑바로 차리면 모든 게 무섭거나, 슬프구나.

잘 지내렴. 안녕.

2015년 봄.

박연준 / 시인. 1980년 서울 출생. 2004년 동덕여대 문예 창작과를 졸업했고, 같은 해 중앙신인문학상으로 등단했다. 시집 『속눈썹이 지르는 비명』『아버지는 나를 처제, 하고 불렀다』, 산문집 『소란』이 있다.

오르골 같은
나의 섬

글, 사진 송승언

떠나기 전에 음반 몇 장을 고심하며 고른다. 아마도 음악을 좋아하기 때문이겠지만, 혼자 떠나는 여행의 심심함을 달래주는 것으로는 역시 음악만한 게 없는 것 같다. 특히 차가 없어 여행지에서 오래 걸어다녀야 하는 나 같은 도보 여행자의 경우는 음악 선택이 더욱 까다로워진다. 몸의 리듬과 그날의 날씨, 여행지가 보여주는 풍경 따위가 음악과 잘 맞아떨어져야 하기 때문이다. 잘 고른 음악은 그 여행을 더 분명한 감정으로 더 오래 기억하게 만들어준다.

여행 간다. 서울 남부터미널에서 버스를 타고. 우리 집으로 여행 간다. 거제도.

"거제도가 고향이야?"
고향은 아니다. 내 고향은 강원도 원주다. 하지만 유치원부터 고등학교까지는 거제에서 나왔으니 고향이 아니라고 하기도 뭣하다.

"집에 뭐 타고 가? 배 타고 가?"
아니오. 차 타고 갑니다. 차요. 거제대교가 건설된 게 1970년대이고, 그뒤로 신新 거제대교, 거가대교 등이 생겨서 지금은 육지와 연결된 다리가 세 개 정도 됩니다. 다리 놓인 지 거의 반 백 년이 되어간다는 말입니다.

"공 차면 바다에 안 빠져?"

아직도 이런 질문들을 하는 이들이 정말로 있나 싶겠지만 나는 이런 질문들을 지난 4월에도 들었다. 뭇 사람들에게 섬의 이미지란 막연히 해변 위에 낡은 집이 있고, 대문 밖으로 걸어나가면 푸른 바다와 백사장이 펼쳐지고, 섬마을 아이들끼리 모여 굴 따러 다니고, 뭐 아직도 그러한 것인 모양이다. 실제로는 어떤가. 공을 차면 바다에 빠지지는 않고, 선상에서 축구를 할 수 있는 크기의 선박들이 있긴 하다. 거기에서 축구 하다가 공을 너무 세게 차면 가끔 빠지기도 하겠지.

여하간 '육지인'들에게 거제는 관광지의 이미지인 모양이나 실상은 두 곳의 큰 조선소가 먹여 살리는 공업 도시에 가깝다. 몇몇 텔레비전 프로그램에 소개되어 관광객이 크게 늘어난 것도 근 십 년 안짝인 것 같다(그것도 부산은 너무 복잡하니까 가까운 거제로 빠진다는 느낌이랄까). 그전까지 거제의 바다는 주로 지역민들이 휴일에 놀러가는 곳이었다. 지역민들도 차를 타고 삼십 분에서 한 시간은 달려야 거제의 해변을 볼 수 있다.

절반은 공업 도시이고 또 절반은 관광지인 거제는 사실 내게 그다지 일반적인 여행지로서의 느낌은 없었고, 지금도 좀 그렇다. 숱한 여행지의 지역민들이 다 그렇게 생각하듯이. 바깥에서 보면 멋지고 아름다운 풍경일지라도 정작 그 풍경 속에서 살고 있는 사람의 눈에는 풍경이 가진 아름다움이 잘 보이지 않기 마련이다.

하지만 나는 한편으로 여행지로서의 거제도를 좋아한다. 글쎄. 언젠가

부터 그렇게 됐다. 거제를 떠나 서울에서 살다보니. 점점 유년에서 멀어지다보니. 유년의 대부분을 보낸 거제를 좋아하게 됐다. 음악을 들으며 보낸 유령 같은 시간들. 그 유령들을 좋아하게 됐다. 떠난 집으로, 고향으로 여행을 간다는 건 아마도 그런 잊지 못할 유령들을 다시 만나고자 하는 자력에 의한 일 아닐까 싶기도 하다.

십대의 어느 때인가부터 음악을 좀 많이 듣게 되었는데, 마음 맞는 친구도 그다지 없고, 나가서 노는 성격도 아니라서 그랬을 것이다. 아마도 부모님 시점으로 보면 꽤 답답하고 한심한 십대였던 것도 같다.

음악과 함께 내가 많은 시간을 보낸 거제도,
작은 오르골 같은 나의 섬.

일 년에 한두 번 거제에 들를 때마다 내가 빼놓지 않고 유람하는 곳은 세 군데 정도 된다. 어린 시절 살던 동네, 고등학생 시절 등하굣길, 학동 몽돌 해변. 아무리 귀찮더라도 세 군데는 꼭 몇 시간씩 걸어다니곤 한다. 시간적으로 오래 알던 곳들이기도 하거니와, 그곳들을 거닐다보면 아무런 생각도 걱정도 들지 않는 탓이다. 복잡한 일상에서 떠나 당분간 아무 생각도 않는 게 여행이라면 그곳들은 분명 내가 가장 자주 찾는 여행지이기도 하다.

간만에 와치마을부터 둘러본다. 와치마을은 내가 어린이일 때 살던 곳이다. 와치. 이상한 이름이다. 어릴 때도 이상하다고 생각했는데, 커서

봐도 역시 이상하다. 백과사전을 찾아보니 "사람들이 고갯마루에서 누워 쉬어갔다 하여 와치臥峙라 했다"고 되어 있다. 어쨌든 이 마을을 둘러보면 언제나 이상한 기분에 빠져들며 감상적이게 되어버리곤 한다.

어릴 때 노동 때문에 예제없이 떠돌던 아버지가 먼저 거제에 정착한 뒤에 엄마와 나, 동생이 뒤따라왔었다. 달리는 차창으로 보았던 장평초등학교의 울타리와 눈부신 햇빛, 미광비디오 뒷집에 세 들어 살며 만화영화를 마음껏 빌려 보았던 기억, 영진상회로 번개탄 심부름을 가던 일, 영생이용원에서 헐크 호건과 얼티밋 워리어의 대결 기사가 실린 신문을 읽었던 일, 이사 온 곰보를 놀리다가 곰보와 친구가 된 일, 하동상회에서 연탄불에 쥐포와 쫀쫀이를 구워 먹던 기억 등등이 아직 오래지 않은 것 같다. 지저분한 거미줄 같은 골목길 사이마다 그와 같은 기억들이 스며 있다. 가난한 골목 세대의 체험을 나도 얼마간은 했던 셈이다.

골목 여기저기를 거닐다보니, 동네 형들과 함께 소독차를 따라가며 지르던 소리들이 와구와구 들려오는 것도 같고, 흰 연기를 탈탈거리며 내뿜던 오토바이 소리가 들리는 것도 같다.

아무래도 시간이 오래 흐른 탓에, 전에 알던 많은 가게와 가옥 또한 거의 사라지고 그 자리에 새 가게, 새 빌라 들이 들어섰다. 여전히 남은 것들도 있어 그런 걸 보면 놀라게 될 정도이지만, 좀 서럽다고 할까. 이상한 가게가 자꾸 늘어나 결국엔 정떨어지는 여행지에 오는 기분이다. 오래된 집이 허물어진 자리에 멋없는 원룸 건물이 꾸역꾸역 들어서는

걸 보니 추억도 마구 허물어진다.

집이란 정말 뭘까. 어떤 집의 형태가 바른 것이라고 말은 못 하겠지만, 마구잡이로 건설되는 한국의 원룸 빌라들은 미관상으로도, 생활의 양태로도 크게 잘못이라는 생각이다. 이대로 가다간 대한민국 전체가 아주 볼 만한 몰골이 되지 않을까.

와치마을을 돌아다니며 아마츄어증폭기의 「소년중앙」과 「수성랜드」 앨범을 들었다. 마치 변사처럼 소시민 삶의 여러 모습을 웃기게, 슬프게 노래하는 아마츄어증폭기는 낙후된 동네의 골목길과 잘 어울린다. 클래식 기타를 스트로크로 연주하며 단순한 가사를 반복적으로 노래하는데, 그 노래들은 지금은 없는 것들에 대한 이야기, 흘러간 기억에 대한 환각처럼 들려 어쩐지 꽤 슬퍼진다. 〈농협〉에 대해, 〈연신내 탈곡기〉에 대해, '버려진 청포도맛 케이크 상자'에 대해 노래하는 아마츄어증폭기도 아마 그땐 그런 마음이었겠지 싶다.

봄볕이 좋아, 햇살과 현기증을 생각나게 하는 포크 가수 메그 베어드 Meg Baird의 「Dear Companion」 앨범을 들으며 거제중앙고등학교로 가는 등굣길을 걷는다. 이 길은 내가 가장 오랫동안 반복해서 걸어다닌 길이다. 학교까지 가는 데는 제법 빠른 내 걸음으로 삼사십 분이 걸리는데, 고등학교 삼 년 동안 이 길을 오갔다. 혼자서. 때로는 동글이라고 불렀던 친구랑. 이 길은 호수 같은 바다와 면해 있는데, 짜고 묵직한 바닷바람을 맞으며 펄럭이는 여러 나라의 국기들이 인상적이다. 그 길을 건너면 또 한참이나 벚꽃나무가 많은 길이 나오고, 그 길을 지나면 외관부터 죄수들을 가둔 성채처럼 생긴 거제중앙고등학교가 보인다. 고3 어느 토요일 봄날, 보충 학습을 마치고 오후에 벚꽃길을 지나는데 벚꽃나무 아래 누운 개를 보던 기억이 난다. 죽은 개는 썩고 있었고, 순간 바람이 몰아쳐 벚꽃은 흩날리고 그랬다. 마지막 십대의 봄날에 아찔했던 기억이다.

등교할 때는 아직 꿈속에 반쯤 걸쳐 있는 육신을 이끌고 가며 에밀리아나 토리니Emiliana Torrini의 「Merman」 앨범을 자주 들었었다. 특히 앨범 이름과 같은 〈Merman〉이라는 곡을 자주 반복해 들었다. 그 물속에 잠긴 듯, 환청처럼 들려오는 멜로디들을 듣고 있자면 해원을 거닐고 있는 꿈과 등교중인 현실이 가끔 뒤집히는 것 같았다. 잠결이라 더 선명하게 느껴지는 그 감각이 백일몽처럼 좋았다. 당시 에밀리아나 토리니는 그다지 유명하지 않았던 가수라, 국내 인터넷을 찾아봐도 정보가 잘 나오지 않아 외국의 웹사이트에서 자료를 찾아 누구인지, 어떤 앨범을 내었는지 알아보곤 했다. 1995년에 나온 첫 앨범과 둘째 앨범 사이의 간격이 1년, 둘째 앨범과 셋째 앨범 사이의 간격이 3년이라 이러다가 다음 앨범은 5년 뒤에 나오는 게 아닌가, 당시에는 아주 걱정을 했던 기억이 난다. (실제로는 6년 뒤에 나왔다. 세상에.) 지금은 세계적으로도 유명하고 국내에도 잘 알려져 있다. 계속 좋은 음악을 들려줘서 다행이라는 생각.

특유의 짠 바람을 맞으며 그 길을 걷다보니, 하굣길에 대한 기억도 생생히 살아난다. 선박과 가로등 따위의 빛을 머금은 채 일렁이던 한밤

의 바다를 보며, 썩 좋지 않은 냄새에 코를 막고 걷던 기억, 친구 동글이와 하교하다 말고 함께 오락실로 빠져서 격투 게임을 하던 일, 동글이가 내가 추천해준 라디오헤드를 듣고 나서는 "슬립낫같이 가면을 쓴 괴짜들일 줄 알았는데 의외로 멀쩡하게 생겨서 실망했다"고 떠드는 걸 듣던 날. 동글이는 어디서 잘 살고 있을까. 같은 만화 동아리 친구였던 여자애와 오후의 잔일을 맞으며, 그날따라 이상하게 침묵한 채 걸었던 기억, 그때는 이상한 침묵이라고만 생각했는데 그 여자애가 나를 좋아했었다는 말을 거의 십 년 뒤에 동창에게 듣고 나서 깜짝 놀랐었다. 하루에 한 시간으로만 쳐도 천 시간을 넘게 걸어다닌 길이라 그 길에 얽힌 별것 아닌 추억들이 많다. 딱 음반 한 장만큼의 길이였던 그 길. 그 길 자체가 추억의 음악이나 다름없는 것처럼 느껴지기도 한다. 추억이 쌓인 길이 있다는 건 나쁘지 않다는 느낌이다.

어릴 때는 끔찍하게 싫었는데 거제를 떠난 뒤로는 아주 좋아하게 된 곳이 몽돌 해변이다. 맨발로 돌을 밟으면 아프니까, 어릴 때는 몽돌 해수욕장 말고 모래 해변인 구조라 해수욕장으로 가자고 하기도 했다. 동글동글한 몽돌이라도 돌은 돌이었으니까. 어릴 때는 잘 몰랐는데, 커서 알고 보니 몽돌 해변 자체가 흔한 게 아니었다. 우리나라에도 몇 군데 없고, 세계적으로도 백사장에 비해 턱없이 적다.
다 커서야 몽돌 해변을 좋아하게 된 까닭은 소리 환경에 관심을 가지게 되었기 때문이다. 보이는 풍경 외에 들리는 풍경도 있으니까. 여행지마다 고유한 소리가 있는 것이다. 여행지에서 시각으로 아름다운 것들을 보고, 미각으로 맛있는 음식을 먹는 것도 좋지만, 그에 더해 그곳의 소리에 귀를 기울이는 일 또한 여행지를 최대한 즐기는 방법 중에 하나라고 생각한다. 그래서 내 딴에는 제법 비싸게 주고 산 녹음기를 들고 여행지 이곳저곳을 찾아 소리를 따기도 했었다. 아마추어 수준의 작업이긴 하지만.

몽돌 해변은 그 자체로 음악이다. 음악이 있어도 좋겠지만, 예컨대 바다 하면 그 이름 때문에 바로 연상되고 마는 비치 보이스라든지, 비치 하우스라든지, 비치 파슬즈라든지, 어느 밴드라도 해변과 어울리긴 하지만, 몽돌 해변에 오면 그런 음악들보다는 파도 소리 그 자체에 귀를 기울여야 한다는 생각이다. 해변의 소리라고 다 같지가 않은 것이, 몽돌 해변에서는 파도가 몰려올 때 작고 귀여운 조약돌들이 잘각이는 소리가 난다. 눈 감고 들으면 마치 작은 구슬들이 굴러가는 소리 같아서 귓속이 아주 간지러워진다.

아직 밤에 몽돌 해변의 소리를 들어본 적은 없다. 상상만 해봤는데, 두말할 것도 없이 좋을 것이다. 언젠가 누군가와 함께 밤의 몽돌 해변 소리를 듣고 싶다. 하지만 낮에 해수욕 하는 어린이들의 환호와 비명 소리가 파도에 뒤섞이는 것도 듣기에 아주 좋다. 여기서 들리는 소리는 모든 게 다 좋고, 마음에 든다.

기념으로 돌을 두어 개 주워본다. 몽돌 해변에서 돌을 주워 가면 안 된다. 너무 많은 사람들이 돌을 주워 가서 돌의 양이 많이 줄어들었다는 기사를 본 적이 있다. 그래도 손톱만 한 크기의 돌은 괜찮겠지, 하고 약간 죄책감을 느끼며 주워본다. 해변에 함께 온 엄마도 돌을 찾더니, "이거 봐. 예쁘지?" 하고 보여주신다. 안 예뻤다. 내 돌이 훨씬 예뻤다. 훨씬 예쁜 내 돌이 엄마 눈에는 또 별로인 모양이다. 왜 사람들은 이런 돌마저도 예쁘게 보는 게 서로 다를까. 아마 여행의 매력도 그런 것인 모양이다. 모두가 같은 곳에 가더라도 모두가 다른 것을 보고 듣고 오는 것. 그렇게 각자의 눈에 예뻐 보이는 기억의 돌 하나씩을 찾아 돌아오는 것. 아마도 그 맛에 여행을 떠나는 게 아닐까 하고, 나는 버스 안에서 몽돌 해변의 소리를 들으며 돌을 만지작거렸다.

송승언 / 1986년생. 음악과 게임과 산책을 좋아한다. 시집 『철과 오크』(2015)를 냈다. 작란 동인이다.

ⓒ 이지예

ⓒ 이지예

레일로드
리듬

글, 사진 신해욱

이미 충분히 추운 12월 말이지만 한결 더 춥고 하얀 세계를 머릿속에 그리며 짐을 싼다. 곧 시베리아의 겨울로 들어간다. 히트텍을 넉넉히 챙긴다. 새로 산 털 장화가 뿌듯하다. 전자제품을 충전하고 열차에서 읽을 책을 고르고 아이팟에 저장된 음악을 확인한다. 블라디보스토크에서 며칠 머문 후 이르쿠츠크까지 3박 4일 동안 기차로 이동하기로 했다. 지루할지도 모르니까 책과 음악을 단단히 챙기는 게 좋을 것이다. 지루함에 대한 설렘이 번진다. 아침 비행기를 타려면 새벽에 일어나야 하는데 잠이 쉽게 오지 않는다. 몽롱한 머릿속으로 생각한다. 설국열차에 싸들고 갈 식량으로 바나나를 잔뜩 사야지…… 송강호가 먹던 양갱 말고…… 노란 바나나를…… 챙긴 물건들과 챙겨야 할 리스트를 다시 점검하고 수트케이스의 지퍼를 닫으면서 마지막으로 들은 음악이 벨벳 언더그라운드의 바나나 앨범이었기 때문일 것이다.

●

열차에 오른 지 네 시간. 바나나를 세 개째 까먹고 있다. 블라디보스토크에서 가장 크다는 시장 페르바야레츠카에 들러 살림이라도 차릴 기세로 식재료를 잔뜩 사왔는데 괜한 짓이었다는 생각이 든다. 탁자가 손바닥만 해서 이것저것 늘어놓을 수가 없다. 이불을 덮어쓰고 일찌감치 잠을 청한 사람들이 많아 비닐봉지를 부스럭거리는 것도 신경쓰인다. 창밖을 찍고 싶어 카메라 셔터를 눌렀더니 단두대에 칼 떨어지는 소리가 이런 게 아닐까 싶을 만큼 차갑게 요란하다. 흑빵을 썰어 햄, 치즈, 오이 피클을 끼워넣은 샌드위치를 만들고 오렌지주스와 함께 먹겠다는 계획을 접는다. 슬라이스 치즈 대신 의기양양하게 덩어리 치즈를 사다니 무슨 배짱이었을까. 그저 바나나만 만만하다.

의자 밑에 밀어둔 가방에서 스멀스멀 냄새가 피어오른다. 캄차카 반도를 코앞에 둔 도시에서 킹크랩을 건너뛸 수는 없다며 반조리된 냉동 게를 샀었다. 그 게가, 지금 히터 옆에서 녹으며 야릇한 냄새를 풍기고 있다. 꺼내 먹기엔 눈치가 보이고 나름 큰돈을 주고 샀으니 버리기도 아깝다. 통로를 오가던 차장이 묻는다. 김치 먹었어? 그의 러시아어에서 '김치'라는 발음이 도드라졌으니 그런 뜻이었을 것이다. 허겁지겁 손을 젓는다. 아니, 아니, 이건 게 냄새야. 먹은 것도 아니고 가방에 있을 뿐이라고. '게 냄새와 김치 냄새도 구분 못해?'라고 상세히 설명하고 싶지만 보디랭귀지와 함께 '노, 노'라는 짧은 영어로 대꾸하는 수밖에. 탁자에는 바나나 껍질. 다시 바나나 앨범.

밤이 오자 삼등객실의 색채가 선명해진다. 고요하고 조심스러운 시간은 첫날의 해질녘에서 끝난다. 낮잠을 실컷 잔 사람들이 그제야 컵라면에 물을 붓고 집에서 싸온 닭요리와 과일을 펼쳐놓는다. 객차의 저 끝에는 끓는 물을 기다리는 줄이 길고 이 끝에는 이를 닦고 볼일을 보려는 줄이 길다. 대도시 하바롭스크에 정차하자 찬 공기와 함께 승객들이 어수선하게 쏟아져 들어온다. 여기가 내 자리네, 너는 2층이네 실랑이가 벌어진다.

심야의 술주정뱅이가 웃통을 벗고 꿇아떨어지더니 기어이 속을 게운다. 제복을 입은 남자들이 몰려와 그를 둘러싼다. 소동의 근접거리에 있던 거구의 남자가 얼굴을 찌푸리며 2층으로 올라가 겉옷과 양말을 벗고 눕는다. 침대가 짧아 털이 숭숭 난 정강이와 넓적한 발바닥과 꼬물거리는 발가락이 공중에 둥둥 뜬다. 발냄새와 독한 액취가 음식 냄새와 토사물 냄새에 쿠쿠하게 뒤섞인다. 그 냄새에 반쯤 안도하며 가방에서 게를 꺼낸다. 오래 씻지 않은 손가락으로 다릿살을 집어먹는다. 니들이 게맛을 알아? 얼마나 찝찔한지?

너에게서 땀냄새가 나.

땀을 뻘뻘 흘리며 옆에 앉아 있던 농구선수에게 이런 말을 한 순간, 잠에서 깼다. 열차 안에 스민 냄새가 꿈속에서 시큼하게 발효되었던가보다. 누운 내 눈앞에 희끄무레한 천장이 바싹 내려앉아 있다. 덜컹, 덜컹, 바퀴 소리가 들린다. 아. 여기 열차지. 머리 위의 저것은 천장이 아니라 짐을 부리는 선반이고. 목이 마른데, 선반까지의 높이가 겨우 팔길이 정도라 등을 세워 앉을 수가 없다. 디딤판이 마땅치 않아 2층의 침대에서 내려오려면 주위 사람들을 다 깨우게 될 것 같다. 그저 누워 있는 수밖에 없다. 관 속에 들어 있는 기분이다.

자세만 바꿔본다. 엎드려 베개에 얼굴을 묻는다. 삼등칸이라도 시트는 희고 빳빳하고 깨끗하다. 이불과 베개에 마음껏 코를 비빌 수 있어 아무것도 부럽지가 않다. 매트리스가 따뜻하다. 열차는 규칙적으로 흔들리고 배에는 바퀴의 박자가 전해온다. 손끝으로 소심하게 벽을 두드

리며 흉내를 내본다. 탁─ 타다─ 다, 탁─ 타다─ 다, 삼박자에 네 번의
탭. 단순한데 따라하기가 쉽지 않다. 세마치장단이랑 닮지 않았나? 모
르겠다. 학교 수업에서 접했을 뿐 국악 장단에 특별히 귀를 세워본 일
이 없다. 레일로드의 장단이 인간의 음악 어딘가에는 스며들었을 것
같아 되는 대로 넘겨짚었을 따름이다. 탁─ 타다─ 다, 탁─ 타다─ 다,
박자에 몸을 맡기니 스르르 잠이 다시 몰려온다. 자장가가 따로 없다.

문득, 다시 깬다. 고요하다. 흔들림이 멎어 있다. 간이역에서의 정차.
얼러주는 엄마의 팔 속에서 풋잠이 들었다가 자리에 눕히면 칭얼거리
며 눈을 뜨는 아기들을 이해할 것 같다. 요람이란 이런 건가. 다시 열차
가 출발한다. 다시 요람이 흔들린다. 자다 깨다를 반복하는데도 이보다
달콤한 잠이 있을 수가 없다. 오늘밤의 음악은 시베리안 세마치 럴러
바이. 속도를 올리는 바퀴 소리에 멋대로 붙인 제목이다.

●

아르하라. 벨로고르스크. 예로페이 파블로비치. 아마자르. 모고차. 슬
류잔카. 수많은 역을 지난다. 이국의 모든 낯선 지명을 발음하며 인간
의 혀는 아름다워진다. 통로 건너에 앉아 있던 어린 남매가 예로페이
파블로비치 역에서 내려 할아버지의 배웅을 받는다. 말이 통하지 않는
내게 때때로 눈웃음을 짓던 시골 여자는 제 몸보다 더 큰 짐을 지고 슬

류잔카 역에서 내린다. 사라진다.

해가 진다. 버릇처럼 시계를 확인하지만 어깨를 으쓱하고 만다. 여기선 시계의 의미가 사라진다. 유라시아 대륙의 동쪽 끝에 자리한 블라디보스토크와 서쪽에 바싹 붙은 모스크바는 7시간 차이. 시베리아 횡단열차는 모스크바 시간을 기준으로 운행된다. 출발 시각이 새벽 4시라고 적힌 표를 들고 오전 11시 열차에 올라야 했다. 시간을 잘못 계산한 건 아닐까 싶어 탑승을 마칠 때까지 마음을 놓지 못했다. 출발 시각이 출발지를 기준으로 적혀야지 타는 사람 불편하게 왜 모스크바 기준이람. 모스크바가 나의 일정에 포함되어 있지 않은 까닭에 한층 더 불만이었다. 이것도 구소련 시절의 잔재인가 하는 맹랑한 의심을 품기도 했다. 그런데 창밖의 풍경을 삼 일째 지켜보고 있자니, 이 드넓은 대륙을 가로지르며 차근차근 다른 시간대를 통과하는 열차가 왜 한 장소의 시간만을 기준으로 출발과 도착을 표시할 수밖에 없는지 알 것 같다. 남중고도가 낮은 태양은 내내 창밖에 머물며 힘없는 포물선으로 하루치의 경로를 지난다. 지구의 자전을 거슬러 서쪽으로 열차가 이동하니 그만큼씩 해는 늦게 뜨고, 늦게 지고, 하루의 낮과 밤도 그만큼씩 늦게 오고, 늦게 간다. 이 미묘한 변화에 반응하는 생체 시계에 열차의 시간을 맞출 수는 없다. 그리니치 천문대를 기준으로 분할된 시간이나 모스크바 시간이나 인위적이기는 매한가지니 하나의 기준에 붙박아두는 것이 차라리 혼란을 줄이는 방법일 것이다. 시계의 눈금이 정지 상태에서만 유효하다는 것을 새삼 깨닫는다.

스쳐가는 상상 하나. 두 대륙 사이에 태평양 다리와 대서양 다리가 놓여 이 열차가 아예 지구 순환선이 된다면 어떨까. 철도 회사에 나란히 입사해 너와 내가 다른 발령을 받는다면? 나는 승무원이 되어 지구를 돌고 너는 역무원이 되어 한 장소에 머문다면? 서쪽으로 도는 열차 안에서 나의 하루는 야금야금 길어지겠지. 한 바퀴 순환을 마치면, 그곳에 그대로 있던 너보다 나는 꼭 하루만큼 느린 시간을 살게 되겠지. 날짜변경선에 따라 인위적으로 시계를 조정하지 않는다면 너의 오늘은 나의 내일. 나의 오늘은 너의 어제. 다시 한 바퀴 돌면, 너와 나는 재회의 손을 맞잡고 있어도 이틀만큼 떨어져 있게 될 것이다. 또 한 바퀴, 또 한 바퀴, 365번 돌고 나면, 우리는 다른 해를 살아가게 될 것이다. 너와 나 사이에는 일 년간의 밤이 아득한 심연처럼 놓여 있을 것이다…….

간밤에는 요람인 것만 같던 열차가 지금은 타임머신이 아닌가 하는 생각이 든다. 영화 속의 타임머신은 과거를 변경하는 데 성공하든 실패하든 주인공으로 하여금 일단 흥미진진한 복고풍 모험을 펼치게 하던데, 이 타임머신은 이제 올 시간 속에 이별만을 준비한다. 본 적도 없는 너 때문에 코끝이 시큰거린다.

탁 – 타다 – 다, 탁 – 타다 – 다, 바퀴 소리에 맞춰 내 손끝이 기계적으로 움직이고 있다. 주먹을 쥔다. 손끝에서 소리를 몰아낸다. 지금은 이 박자에 맞춰 꾸벅꾸벅 졸고 싶지 않다. 이어폰을 귀에 꽂는다. 김사월×김해원의 작은 앨범 「비밀」. 듀오의 목소리는 서로 다른 궤도를 떠돌다가 까마득한 주기로 스쳐가는 두 개의 소행성에서 들려오는 것 같다. 앨범 전체가 나의 지구순환선을 위한 OST가 된다.

●

나를 내려놓고 서쪽으로 멀어져가는 열차를 잠시 바라본다. 역사를 빠져나와 이르쿠츠크의 아침 공기를 마신다. 듣던 대로 눈의 도시다. 차도와 보도가 구분되지 않는다. 조금 전까지 폭설이 쏟아졌나보다. 지금은 그쳐 있다. 생각해보니 여기 온 이후로 한 번도 눈이 내리는 걸 보지 못했다. 자고 일어나 차창의 작은 커튼을 젖히면 어떤 짐승의 발에도 밟히지 않은 순결한 눈이 벌판을 덮고 있었다. 갓 내린 눈을 이고 있는 농가의 지붕을 가깝게 스쳐가기도 했다. 그러나 내린 눈만 있을 뿐, 내리는 눈은 없었다. 이상하구나. 내 시선을 일부러 피해서 내리기라도 하는 건가. 수줍은, 혹은 짓궂은, 눈의 정령.

주머니에서 아이팟을 꺼낸다. 시계탑에 표시된 현재 기온은 영하 23도. 손가락이 곱아 터치하기가 쉽지 않다. 간신히 노래가 흘러나온다. 송창식의 〈밤눈〉이다. 가만히 눈 감고 귀 기울이면 까마득히 먼 데서 눈 맞는 소리 흰 벌판 언덕에 눈 쌓이는 소리…… 간밤에 그랬을 것이다. 눈 내리는 소리는 들리지 않고 눈 쌓이는 소리만 들렸을 것이다.

차갑지만 공기는 맑고 바람은 없다. 정직하게 살갗부터 얼고 있다. 얼굴에 살얼음이 낀다. 속눈썹과 코털에 서리가 달라붙는 느낌이 난다. 그 덕에 묘하게도 뼛속으로 한기가 스미지 않는다. 눈의 여왕이 다스리는 나라에서 마법에 걸리면 이런 상태가 되는 걸까. 빙판 아래 여전히 흘러가는 물처럼, 쩽하게 얼어붙은 살갗 아래서도 심장은 여전히 뛰고 혈관 속에는 따뜻한 피가 흐르겠지. 이런 기후에서 사는 사람들

은 '으슬으슬하다'거나 '스산하다'는 단어가 무슨 뜻인지 모를 거라는
생각이 든다.

눈 내리는 밤이 이어질수록 한 발짝 두 발짝 멀리도 왔네 한 발짝 두 발
짝 멀리도 왔네…… 허허로운 목소리가 잦아든다. 밤눈이 그친다. 난데
없이 시원시원한 현의 소리가 뒤를 잇는다. 액정 화면을 확인한다. 바
흐의 〈하프시코드 협주곡〉이다. 조금 전에 노래를 고르다가 랜덤 재생
버튼을 잘못 누른 모양이다. 귀찮아서 그냥 둔다. 갑자기 화사한 꽃밭
에 들어선 것처럼 어리둥절하고 어색하다. 아닌가. 꽃밭이 아니라 눈밭
인가. 현 위에서 하프시코드가 반짝거린다. 눈밭에 반사된 햇빛 같다.
이런 반짝임과 곧 마주치게 될 것이다. 이르쿠츠크의 겨울 해가 뜰 것
이다.

신해욱 / 1974년 춘천에서 태어났다. 시집 『생물성』
『syzygy』, 산문집 『비성년열전』 『일인용 책』 등이 있다.

다락방의 연인

글, 사진 위서현

"조그만 게 어딜 그렇게 쏘다니누. 누굴 닮아가지고. 다락방은 안 돼. 거기는 이 할미보다도 커다란 요상한 괴물이 살아. 할미가 너만 할 때 들어갔다가 잡아먹혀 죽을 뻔했는걸. 들어가면 다시는 못 나오는겨. 알아들었어?"

다락방 앞에서 할머니는 소녀를 꾸짖으며 말했다. 소녀가 옥상 텃밭이며, 지하 창고며, 마당에 있는 개집까지 온통 들쑤시고 돌아다닌 터에 망가지고, 고장나고, 어질러진 곳이 한두 군데가 아니었기 때문이다. 할머니는 다락방만큼은 안 된다고 하셨다. 그 말을 들을 리 만무한 소녀였지만, 그래도 요상한 괴물이라니 덜컥 겁이 나기는 했다. 다락방은 소녀의 발도 넘칠 만큼 아슬아슬한, 미끄러운 사다리 계단을 올라가야 문이 열리는데다, 그나마 사다리는 엄마가 꽁꽁 숨겨두어서 찾아내기도 힘들었다. 하지만 그보다 문제는 다락방이 너무나 으스스하다는 것이었다. 다락방 문이 잠깐 열렸을 때 엄마 어깨 너머로 보이는 그곳은 그야말로 시커먼 괴물이 사는 동굴 같았다. 지난봄 커다란 장독대에 빠졌을 때처럼 한번 들어갔다가는 다시는 못 빠져나올 것 같은 공포. 그때도 엄마가 소녀를 찾아내서 망정이지, 정말 무서워서 혼이 났다. 그러니 저 높고 무서운 다락방은 올라갈 엄두조차 나지 않았는데,

할머니가 이렇게까지 신신당부를 하니 기분이 이상했다. 들어가지 말라고 할수록, 자꾸만 들어가보라는 소리로 들리는 작은 청개구리 소녀. 그렇게 한 주가 흘러갔다.

강아지 똘이와 과자를 먹다가 방바닥에 누운 채로 잠이 들었나보다. 입가에 묻은 과자 부스러기, 엄마가 덮어준 폭신한 이불 그리고 집안의 정적. 이불을 걷어 자리에서 일어나 마루로 나가보니 오후 2시 20분이다. 시간이 멈추기라도 한 것처럼 모든 게 고요했다. 거실 창밖으로 쏟아져 들어오는 햇빛 사이로 마루에 떠다니는 먼지가 가만히 춤을 추고 있었다.

'엄마랑 할머니가 나만 남겨놓고 어디로 갔지?'

혹시나 나를 놀라게 하려고 다들 숨어 있나 싶어 소녀는 방마다 문을 열어보았다. 그러다 부엌 쪽으로 들어선 순간, 소녀는 깜짝 놀라 부엌으로 들어가는 문간에 주저앉았다. 쩍 하니 열려 있는 다락방 문. 그리고 그 문으로 올라갈 수 있도록 놓인 작은 사다리.

'아이, 할머니도 참! 저기 안에 괴물 산다면서 저렇게 문을 열어놓고 나만 집에 혼자 놔두고 가면 어떡해!'

소녀는 덜덜 떨리는 다리를 붙잡고, 사다리 위로 발을 디뎠다. 올라가

서는 서둘러 다락방 문을 닫으려는 생각밖에는 없었다. 한 계단. 다락
방 안으로부터 윙윙거리는 기분 나쁜 바람 소리가 들리는 것만 같다.
그리고 사다리 위로 또 한 계단. 다락방 속의 서늘한 바람이 동굴에서
불어오는 바람처럼 훅 하고, 뺨에 닿는 듯했다. 이제 한 걸음만 더 올라
가면 다락방 문고리에 손이 닿을 테다. 조심스레 한 걸음 올라서서 다
락방 문을 잡은 순간, 어슴푸레 다락방 공간 속 윤곽이 보이기 시작했
다. 어느새 소녀의 두 눈이 어둠에 익숙해져가고, 그 안에서 무언가 하
얀 빛으로 반짝거리는 것이 보였다. 소녀는 울상이 되어버렸다. 마음은
어서 문을 닫고 안방에 젖혀둔 이불 속으로 쏙 숨어들어가고 싶은데,
이상하게 발이 말을 안 듣는다. 겁에 질린 두 눈으로 어느새 발은 네번
째 사다리 계단을 밟고 있었다. 마지막 계단이다. 한 발만 더 올라서면
다락방 안으로 빠져들어가버릴 것이다, 라고 생각한 순간 이미 소녀는
다락방 안에 오도카니 서 있었다. 그리고 손을 뻗어서 두 손에 쥔 것.
그건 하얗게 반짝거리는 작은 항아리 모양의 단지였다.
'어, 이건…… 지난번 벌에 쏘였을 때, 엄마가 가져와서 발라주던 건데.'
맨들맨들한 뚜껑을 열어 검지를 푹 찔러 넣었다. 끈적끈적하게 무언가
가 닿았다. '이게 뭐지?'
코끝에 손가락을 가져다 대보니 달달한 내음. 어느새 혀끝으로 손가락

을 맛보고 있었다. 이렇게 달콤하고 황홀한 맛이라니. 한 번도 맛본 적 없는 진한 꿀이었다.

'오호라, 이런 걸 숨겨놓는 데란 말이지? 할머니 순 거짓말쟁이네. 이렇게 맛있는 걸 숨겨놓고선 나만 못 들어오게 하려고. 엄마랑 할머니랑 거짓말한 거야?'

하얗고 조그만 꿀단지를 품에 안고 털썩 주저앉았다. 엉덩이 쪽에 무언가 쿡 하고 쩔리는 느낌이 들었지만, 틈을 비집고 앉아 자리를 잡았다.

'너무 많이 먹으면 티 나니까, 조금만 먹고 닫아놔야지.'

검지로 푹 찍어 한 입, 새끼손가락으로 푹 찍어 또 한 입. 아무도 모르는 비밀을 만들어낸 소녀가 행복한 미소를 짓는 순간. 갑자기 목소리가 들려왔다.

"꼬마야, 안녕? 행복해 보이네."

순간 소녀의 온몸이 굳어버렸다. 꿀을 빨던 손가락을 입에 문 채로 날카롭게 물었다.

"뭐…… 뭐야? 거기 누구야?"

"나는 여기 살아. 삐거덕삐거덕 다락방을 오르는 계단 소리가 난 참 좋더라. 여기 살면…… 좀 외롭거든. 오늘은 누가 찾아올까 했는데 너였어. 아주 오래 기다렸던 너."

"뭐야. 대체 누군데! 너, 할머니가 말하던 그 괴물이야?"

"아니, 나는…… 목소리야. 다락방에 사는 목소리. 그래서 얼굴도 없고, 몸도 없어. 그냥 이렇게 목소리로만 존재해."

"바보. 누가 그 말을 믿는대? 할머니가 금방 나 찾으러 여기로 올라올 거야. 그때 혼쭐나지 말고 어서 나와. 비겁하게 숨어서 얘기하지 말고."

"아니, 나는 정말 그냥 목소리란다. 믿지 못하겠거든 불을 켜봐. 다락방 어디에도 네가 찾는 난 없으니까. 그렇지만 그냥 불을 꺼둔 채가 좋겠어. 그래야 네가 나를 믿어주는 느낌이 드니까."

그랬다. 다락방에는 목소리가 살고 있었다. 보이지도 않고, 만질 수도 없지만 분명히 존재하는 목소리. 그 목소리가 소녀에게 말을 걸고 있었다. 소녀가 배를 다 내놓고 바닥에서 낮잠을 자고 있을 때면 엄마가 조용히 덮어주던 이불처럼 따뜻한 목소리였다. 잠에서 깨지 않았지만, 잠결에도 느낄 수 있었던 엄마의 손길, 이마를 가만히 쓸어주던 그 손길처럼 아늑한 목소리였다. 친구가 꼬깃꼬깃 접어서 전해주던 쪽지에 묻은 온기 같은 목소리. 어느새 다락방 바닥의 나뭇결은 따뜻한 감촉으로 다가왔다. 이 작은 공간에 있자니 안전한 느낌마저 들었다. 알 수 없는 편안함이었다. 이 다락방에서 목소리와 함께라면 잠에 빠져들어도 좋을 것만 같았다.

"그래서? 넌 여기서 뭐하는데?"

"난. 들려주는 일을 하지. 목소리를 들려주고 이야기를 들려주고 또……"

아무래도 더 머뭇거렸다간 빠져들 것만 같았다. 지금 나가지 않으면 몇 시간이고 머무르고 싶어질 것만 같았다.

"몰라. 난 이제 나갈 거야. 할머니랑 엄마 오기 전에 여기서 나가야 돼. 여기 몰래 올라온 거 알면 혼날 거야."

"소녀야. 너는…… 커서 뭐가 되고 싶어? 시인, 아니면 농부?"

목소리가 소녀의 발길을 붙들고 말았다. 나중에 커서 아빠처럼 시인이 되고 싶었던 아이는 목소리가 모든 걸 알고 있기라도 한 듯, 그 작은 심장을 꿰뚫어보고 있기라도 한 듯해 꼼짝도 할 수가 없었다.

"뭐가 되고 싶냐고? 난 말야, 이 담에 꼭 시인이 될 거야. 작은 등불을 켜고 원고지 앞에 앉아서 한참을 앉아 있는 우리 아빠 뒷모습이 난 참 좋아. 어느 날인가는 내가 잠을 자는 머리맡에 앉아서, 쓰고 있던 시를 읽어준 적이 있어. 정말 그런 일은 잘 일어나지 않거든. 아빠는 항상 그 원고 뭉치들을 꽁꽁 묶어서 서랍에 넣어두고는 자물쇠를 채워놔. 뭘 쓰고 있을까, 궁금해서 자꾸 아빠 방문을 두드리면, 엄마는 아빠 성가

시게 하면 안 된다고 나를 데리고 마당으로 나오셔. 그러니 아빠가 원고지를 들고 내 머리맡에서 시를 읽어주시던 날, 내가 얼마나 행복했는지 너는 모를걸. 그날 난 잠자고 있는 척했지만, 아주 똑똑히 듣고 있었어. 가만, 근데 시인은 그렇다 치고, 농부라니? 난 한 번도 농부를 본 적이 없어. 농부는 흙 만지고, 얼굴이 까맣게 그을린 사람들 아냐? 나랑 너무 먼 얘기인걸."

"들어봐. 시인과 농부는 아주 많이 닮아 있어. 시인과 농부는 땀으로 살지. 부지런한 땀으로 흥건히 적셔진 흙에서만이 곡식이 맺히고, 시가 맺힌단다. 새들과 물과 햇빛이 그들의 친구야. 시인과 농부는 말이 없지. 아침의 바람과 흙이 들려주는 이야기, 공기가 청명하게 부서지는 소리로 충분하니까. 그들은 폭풍을 견뎌. 시인도 농부도 아주 연약해 보이지만 그들은 자연을 알기에 폭풍이 지나갈 때까지 가만히 바라볼 수 있는 힘을 지니고 있지. 그 폭풍이 남긴 것들로부터 그들은 배우는 거야. 삶을 배우고, 자연을 배우고, 살아남는 법을 배우지. 시인과 농부는 작은 기쁨을 놓치지 않아. 특별할 것 없는 하루 속에서 특별한 것을 찾아내고, 그 기쁨을 온전히 감사함으로 표현할 줄 알아. 그들은 기다림을 좋아하지. 자연이 말할 때까지, 영혼이 말할 때까지 가만히 기다리는 거야. 그때가 무르익을 때까지 서두르는 건 아무 소용이 없다는 것을 잘 알아. 그렇다고 해서 그들이 무던한 건 아냐. 시인과 농부는 얼마나 예민한 눈을 가졌는지 몰라. 조그만 변화에도 그들이 키워내는 것이 필요로 하는 것을 알아차리거든. 그건 오랫동안 그들이 기르는 것을 한자리에서 묵묵히 지켜보았기 때문이야. 그런 덕분에 시인과 농부는 언제나 성실하단다. 묵묵히 자신의 자리를 벗어나지 않고, 같은 시간이면 같은 자리에 서서 기다리고, 바라보고, 맺히는 열매마다 감탄하고, 그렇게 겨울이 되어 다시 빈 들이 되어도 감사할 수 있는 거야. 맞아. 아주 오래된 방식이지. 그래서 그들은 늘 한자리에 머물러 있는 것 같아 보일 테지. 아주 오래된 과거를 제자리에서 반복하는 것 같지만, 그들이야말로 긴 미래를 만들어내고 있는 이들이야. 자, 들어봐. 시인과 농부, 그들이 함께 이 안에서 춤을 춘단다.”

그렇게 시작된 느릿하고 부드러운 선율. 엄마, 아빠와 함께 갔던 시골 어느 마을에 온 것만 같았다. 푸른빛으로 넘실대던 풀과 나무, 그 위로 쏟아지던 아침 햇살. 소녀는 그날만큼이나 평화롭고 행복한 기분에 잠겼다. 어느새 시인이 되어 한 편의 시를 적어 내려가고 있는 듯, 마음이 시를 적어 내려가게 만드는 첼로의 낮은 음. 그리고 이어지는 농부의 소박한 왈츠. 기쁨과 유쾌함과 소박함으로 채워진 둘은 다른 듯 닮았

다. 다락방의 목소리가 이야기해준 것처럼, 그 음악 속에서 시인과 농부는 함께 마주보며 같은 춤을 추고 있었다.

"언제든 다시 오렴. 꼬마야. 나는…… 기다리고 있으니까."

시간이 얼마나 흘렀을까. 헤아리고 싶지도 않다.

"아이고! 에미야, 내가 찾았다. 이 녀석 다락방에서 자고 있었네. 아니, 이게 다 뭐냐, 온통 꿀 범벅이잖아. 하이고, 요놈. 어떻게 여기를 올라갔대? 내가 문을 잠그고 간다는 게 깜빡했어. 그래도 그렇지. 기지배가 겁도 없이 어디를 올라간겨?"

할머니였다. 할머니가 나를 안고 다락방에서 내려와 입가에 묻은 꿀을 닦아주며 계속 꾸지람을 하고 계셨다.

"그게 무슨 꿀인지나 알아? 저기 남해에 사는 할머니 친구가 귀하다고 갖다준 토종꿀이여. 이거는 한 숟가락만 먹어도 알딸딸허니 술에 취한 것 같다만. 쪼그만 게 이걸 한 단지를 다 퍼먹었으니…… 쯧쯧쯧. 정신이 들어? 괜찮어?"

귀한 꿀이라 벌에 쏘였을 때나 조금씩 발라주던 꿀. 소녀는 그 꿀을 다 퍼먹고서는 다락방 나무 바닥에서 잠이 들었다 한다. 술에 취한 사람처럼 웃으며 꿀단지를 품에 안고 다락방 바닥에서 그렇게 잠이 들었다고 한다.

"할머니 있잖아, 근데 그거 알아? 우리 집 다락방에 목소리가 살아."

"애가 무슨 소리여. 아니 고장난 라디오가 어쩌다가 켜졌었는지, 다락방서 라디오 소리가 나서 겨우 너를 찾은겨. 잠결에 라디오 소리를 들은 거구먼. 여자아이가 겁도 없어. 다시는 혼자 올라가지 말어. 응?"

할머니는 고장난 라디오가 잠깐 켜진 거라고 했지만, 소녀는 믿을 수가 없었다. 할머니가 다락방 문을 열자마자 라디오는 소리를 내지 않았고, 20년이 지났지만 그 라디오는 다시 소리를 내지 않았으니까. 소녀는 어른이 된 지금도 그 고장난 라디오를 가지고 있다. 아무런 소리도 내지 못하는 구식 라디오. 그날 이후 한 번도 소리를 들려준 적이 없던 라디오. 하지만 소녀에게 처음으로 가슴 뛰는 음악을 들려주었던 그 라디오. 소녀는 자라서 시인도, 농부도 되지 않았다. 다만, 목소리가 되었다. 그날 어둠 속의 친구가 되어주었던 목소리처럼, 따뜻하고 부드럽게 세상의 비밀을 알려주던 목소리처럼, 그 꿈결을 따라 소녀는 라디오 DJ가 되었다. 그 작은 소녀였던 어느 날, 다락방의 연인이 들려줬던 음악이 오늘 다시 그 누군가에게 가 닿기를 바라면서.

"여러분은 여행을 떠날 때 어떤 음악을 가져가시나요? 여행길에서 꼭 듣고 싶은 음악은 어떤 곡인가요. 그러고 보면 우리들 삶도 기나긴 여행일 텐데, 그 여행의 첫번째 음악으로 간직하고 계신 곡이 있는지요. 오늘 첫 곡은 제 삶의 첫번째 음악이 되었던 곡을 들려드릴까 해요. 어린 시절 다락방에서 꿈을 꾸게 해준 곡. 프란츠 폰 주페의 〈시인과 농부〉서곡입니다. 시인과 농부가 이 안에서 함께 춤을 추고 있는 모습이 당신의 눈에도 보였으면 좋겠네요. 주빈 메타가 지휘하는 빈 필하모닉 오케스트라의 연주입니다."

위서현 / KBS 아나운서. 1979년에 태어났다. 연세대 대학원에서 심리상담학을 공부했다. KBS 1TV NEWS 7, 2TV 뉴스타임 앵커, 1TV 〈독립영화관〉〈세상은 넓다〉, KBS 클래식FM 〈노래의 날개 위에〉〈출발 FM과 함께〉 등을 진행했다. 지은 책으로 『뜨거운 위로 한 그릇』이 있다.

체첵

- 꽃의 또다른 이름

글 　이제니
사진 　이제니, 이에니

첫 시집을 내고 난 다음해 겨울이었다. 이전과 같은 것은 쓸 수 없었다. 이전과 같은 것은 쓰기 싫었다. 멀리멀리로 떠나고 싶었다. 멀리멀리로 가면 무언가 다른 것을 쓸 수 있을 것 같았다. 멀어지려면 멀리 가야 한다고 생각했다. 심리적이고도 상징적인 거리를 넘어서서 몸으로 뚜렷이 각인될 수 있는 물리적인 거리를 건너가고 싶었다. 머나먼 시베리아라면. 그 혹한의 땅이라면. 무한한 무언가를 볼 수 있을 것도 같았다. 급히 넘겨야 할 원고들을 넘기고. 써야 할 원고들을 가방 깊숙이 챙겨넣고. 시베리아로 떠났다. 끝없는 설원 위를 끝없이 달리는 시베리아 횡단 열차를 생각하면서. 눈보라 휘몰아치는 정적 속의 자작나무 숲을 떠올리면서. 마음으로는 이미 미지에서 흘러드는 음악을 듣고 있었다. 언어라는 구체적인 외피를 입지 않았다는 점에서 음악은 무한에 가깝게 느껴졌다. 언어를 넘어선 곳에서 끝없이 열리는 곳. 그곳에서 들려오는 무수한 장면들. 무수한 목소리들.

시베리아에 도착하는 것은 생각보다 간단했다. 너무나 간단해서 진정 이곳이 그토록 그리던 시베리아인가 하는 생각마저 들었다. 냉동 창고 같은 영하의 날씨만이 떠나온 거리를 가늠하게 했다. 얼마 남지 않은 낭만적 기대와 익히 예상했던 낙심 속에서 낯설고도 낯익은 풍경을 바라보는 것도 잠시, 갑작스럽게 사고를 당했다. 너무 멀리 떠나려 해서인지 죽음 앞까지 밀려갔다. 크라스노야르스크의 허름한 지역 병원을 시작으로 조금씩 더 큰 병원으로 옮겨갔다. 전신 마비 상태로 한 달간 누워 있는 동안 내가 할 수 있는 일은 그저 천장을 바라보며 여기저기로 실려다니는 것뿐이었다.

첫번째 병실은 긴 직사각형이었다. 두번째 병실은 좀더 긴 직사각형이었다. 세번째 병실은 정사각형에 가까운 직사각형이었다. 사각의 네 귀퉁이마다 세 개의 직선이 모여들었고 그 몇 개의 선분과 몇 개의 면이 이 세계를 떠받치고 있는 것 같았다. 사각은 점점 크게 점점 작게 그 크기와 배열을 바꾸었고 삼각에서 사각으로 다시 사각에서 삼각으로 순간순간 분열하곤 했다. 평생 누워 지내야 될지도 모른다고 생각하자 사각의 모퉁이는 매섭고도 냉혹한 눈초리를 띠기 시작했고 병실의 사방 벽면은 얼음보다 더 투명한 빛으로 녹아내렸다.

하루하루 날들은 잘도 흘러갔고. 통증을 덜기 위해 수시로 맞은 모르핀과 모르핀 사이에서. 그 사이사이를 채우는 환각과 망각 사이에서. 깊고 어두운 밤이면 더 깊은 어둠 속으로 빠져서는 안 된다는 듯이 두 눈이 절로 번쩍 뜨이는 날이 잦았고. 얼어붙은 창밖으로 흰 눈은 끝없이 끝없이 내려앉았고. 마치 꿈결처럼. 높은 침상 저 너머로. 어디서부터 오는지 알 수 없는 처연하고도 아련한 곡조의 아리아가 간혹 간혹 흘러들었고. 그것은. 그렇게. 가만히 돌아앉아 숨죽여 흐느끼는 울음 같았고. 말없는 위로처럼 누군가를 대신해서 울어주었고. 계속해서 이어지는 음과 음 사이의 휴지기 속에서. 스스로의 힘으로는 그 무엇도 할 수 없는 나약한 존재가 구원 받기를 체념하는 순간에 다가오는 서늘한 깨달음처럼. 희망의 여지없음을 생의 헌사로 받아들이기로 한 불

© 이미나

© 이미나

167

구자의 내면처럼. 그렇게 희미하게 이어지는 음과 음 속에서. 순간이나마 통증을 잊을 수 있었고. 아니. 천상의 그물처럼 드리워진 그 완벽한 아름다움 때문에 순간이나마 잊고 있었던 통증이 더욱더 심하게 몰려들었고. 칠흑 같은 어둠 속에서도 환히 보이는 천장의 네 귀퉁이를 올려다보면서. 내가 왜 이 머나먼 땅으로 오려고 했는지. 이곳에서 무엇을 보려고 했는지 생각했고. 매순간 모양을 바꾸는 사각의 면과 색이야말로 내가 오래도록 꿈꾸어왔던 실현 불가능한 문장의 한 형태가 아닐까 하는 생각을 했고. 그 모든 문장은 이미 마음속에 있었다는 사실을 뒤늦은 후회처럼 곱씹었고. 마리나 마샤 나타샤 올랴 올가 베라 나자 이리나 알리샤 안나 세르게이 발렌티나 이고르. 약과 친절을 가져다준 사람들의 이름과. 우꼴 스핀나 보인나 발리옛 구샤츠 무쏘르. 살기 위해서 익혔던 낯선 땅의 단어들을. 조용히 입 밖으로 내어보고는 했다.

이틀에 한 번씩 저녁 일곱시 무렵이면 병실 청소를 하러 오는 고려인 여자아이가 있었는데. 체첵이라는 이름의 여자아이였다. 근처의 의과대학에 다니면서 저녁마다 병원 청소 아르바이트를 한다고 했다. 창백한 낯빛의 러시아인들 사이에서 모국의 얼굴을 하고 있는 여자아이를 보니 왠지 모르게 위안이 되어서 될 수 있으면 천천히 청소를 하면서 오래오래 머물러 있기를 바랐지만. 여자아이는 몹시도 말이 없었고 늘 조금은 피곤해 보였다. 날들은 흘러갔고. 그러는 사이사이 여자아이와도 서툰 언어로 서로에 대해 몇 마디씩 소소하게 얘기를 나누게 되었다.

ⓒ 이아나

ⓒ 이아나

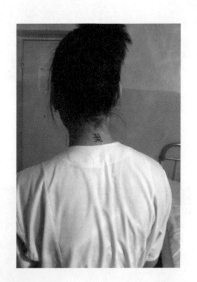

어느 저녁. 응급 수술 후에도 줄어들지 않는 통증 속에서. 이 병실에서 걸어서 나갈 수나 있을까 어쩔까 한국으로 돌아갈 수나 있을까 어쩔까 걱정하면서 울고 있는데 그 여자아이가 청소를 하러 들어왔다. 울고 있는 얼굴 때문인지 여자아이는 내 침대 머리맡으로 와서 작은 소리로 자꾸만 자꾸만 말을 건넸다. 허술한 철제 침대를 자기도 모르게 쓰다 듬는지 침대가 살짝 살짝 흔들렸다. 침대 머리맡이 그 아이의 그림자로 인해 따뜻해졌다. 알아들을 수 없는 말을 알아듣기라도 한다는 듯이 내 마음도 흔들렸다.

내가 한국에서 왔고 글을 쓴다는 것을 알아서인지 체첵은 자신의 이름이 한국말로 꽃이라고 알려주었다. 그러더니 자신의 목 뒷덜미를 가리키며 무언가 보여주려고 멀리 침대 발치로 가 섰는데. 목을 가눌 수 없는 상태여서 자세히 볼 수가 없었다. 옆에 있던 사람이 체첵의 사진을 찍어주었고. 그리고. 그런 뒤. 휴대폰 화면으로 체첵의 목덜미를 보았을 때.

꽃.

그 목덜미 한가운데에는 '꽃'이라는 한글 하나가 문신으로 뚜렷이 새겨져 있었다. 꽃. 나는 그토록 슬프고. 아름답고. 강렬한. 단어를 이전에는 본 적이 없었다. 그것은 누군가 머나먼 이국의 땅에서 잊지 않기 위해서 자신의 몸에다 새겨놓은 간절한 모국어였다. 그리고 그것은 내가 그 먼 이국의 땅으로 밀려가. 기어이 보려고 했던. 보아야만 했던. 단 하나의 낱말이었다.

이후로 몇 군데의 병원을 더 거쳐서 다음해 늦봄에 나는 내 방으로 돌아왔다. 내 방은 직사각형에 가까운 정사각형이었다. 그리고. 그후로도. 날들은 잘도 흘러갔고. 오랜 재활의 날들을 지나왔고. 엎드릴 수도 앉을 수도 서 있을 수도 없어서 천장을 향해 누운 채로. 작게 겹쳐 접은 종이를 손바닥 위에 올려놓고는. 그 작은 종이 위로 천천히 천천히 한 문장 한 문장 연필로 써내려갔던 날들을 건너왔고. 두번째 시집이 나왔고. 아픈 허리를 하고 앉아 이제야 그 시절에 대해 쓰고 있다. 무언가로부터 멀어지려고 멀리 가려고 발버둥치는 시간들을 온전히 겪어야만 또다른 무언가를 제대로 쓸 수 있을 거라고 생각하면서. 글을 쓰는 한은 누군가 무언가가 너에게 나에게 우리에게 어떤 시간을 요구한다고. 저 멀리 극단까지 극한까지 가라고. 그렇게 갈 수밖에 없게 밀어붙이고 있음을 느끼면서.

그렇게 며칠 전 저녁. 크라스노야르스크에서 이르쿠츠크까지. 한국으로 돌아오던 시베리아 횡단 열차 속에서 움직이지 못하는 채로 누워 뷰파인더도 보지 않고 마구 찍어두었던 설원의 사진을 다시 보면서. 무수한 나무들이. 무수한 구름들이. 무수한 빛이 되어. 무수한 음이 되어. 줄지어 줄지어 달아나던 그 자작나무 숲을 다시 바라보면서. 문득 체첵이라는 이름을 떠올렸고. 왠지 사무치는 기분이 들었고. 나는 멀리

아이어 ⓒ

ⓒ 이하이

ⓒ 이인섭

멀리에 두고 온 이름의 명확한 발음을 듣고 싶어서 웹을 열어 체첵이라는 낱말을 검색해보았다. 체첵цецег 이라는 낯선 기호 아래에는 꽃, 꽃을 피우는 식물, 화초, 화훼花卉, 관상식물 이라는 뜻이 적혀 있었다. 그리고. 그런 뒤. 체첵이라는 낱말 옆의 스피커 버튼을 눌렀을 때. 째-쩩-. 그것은 누군가 낮고 무심한 목소리로 흉내내는 깊은 숲속 어리고 작은 새의 울음소리 같았고. 채-쩍-. 그것은 후려칠 수 없을 정도로 여리고 빛바랜 가죽 끈을 부르는 것 같기도 했다. 나는 영원이란 것은 없다는 듯이 반복 반복 그 소리를 듣고 듣고 또 들었다.

결국 쓴다는 것은 자신이 익숙하게 알고 있는 단어 속에서 각자 자신만의 고유한 슬픔을 발견하는 것이라는 사실을. 자기가 가진 지극히 단순한 낱말 속에다 자신이 이미 알고 있는 또다른 소리와 의미를 다시 새롭게 겹쳐 새겨넣는 것이라는 사실을. 그렇게 일상 속의 아주 사소한 구멍. 아주 작은 틈새로. 추락하듯이 나아가면서. 비틀거리면서. 머뭇거리면서. 망설이면서. 주저하면서. 잘못 말할까봐 전전긍긍하면서. 고쳐 말할 수밖에 없는 언어적 상황 속에서. 그렇게 세계와 사물들 앞에서 매번 뒤늦은 존재로서. 언어적 말더듬이 상태에 직면한 채로. 자기 지시적인 단어들을 반복 반복 중얼거리면서. 그것들의 자리를 매번 바꾸면서. 나무는 나무야. 나무는 나무지. 나무는 구름이 아니잖아. 그런데 왜 나무가 구름이면 안 되는 거지? 나무는 구름이지. 구름은 나무야. 그렇게 오늘 다시. 나무는 구름이고 구름은 나무라는 사실을. 꽃은 새이고 새는 꽃이라는 사실을. 존재론적으로도 그러하고 언어 논리적으로도 그러하다는 사실을. 나는 우주고. 우주는 나라는 사실을 몸으로 느끼면서. 쓴다는 것은 선행된 그것에 비하면 늘 뒤늦을 수밖에 없는 일이고. 늘 쓰려는 그것을 망치는 일일 뿐이라는 생각을 하면서도. 매번 돌아오는 봄이 지난날의 봄이 아니듯이. 매번 돌아오는 꽃이 지난 계절의 꽃이 아니듯이. 언어적 문맥 속에서 하나의 세계가 스스로 움직이며 날아오르는 순간을. 그렇게 자기 개시의 순간이 활짝 펼쳐지기를 기다리면서. 그런 의미에서 오늘 다시 새로운 봄이고 새로운 꽃이다. 언제까지나 어리둥절한 채로. 순진무구한 아이처럼 바라보면서. 오늘 나는 다시 봄을 모른다. 오늘 나는 다시 꽃을 모른다. 그리하여 어느 날 다시. 꽃의 또다른 이름 앞에서 문득 울게 될 때까지.

이제니 / 1972년 부산에서 태어났다. 2008년 《경향신문》 신춘문예에 「페루」가 당선되어 등단했다. 시집 『아마도 아프리카』 『왜냐하면 우리는 우리를 모르고』가 있다.

ⓒ 이이시

ⓒ 이아나

어떤 날의
prelude

글, 사진 장연정

며칠 동안 비가 계속됐어.

북반구의 기나긴 우기가 시작되고 있는 모양이었어.

이곳엔 뚜렷한 우기는 없다고 누군가에게 들었지만,

계속되는 빗줄기 때문에 정체되어버린

여행을 생각하면, 이건 우기雨期가 아니라면 분명 우기憂期일지도

모른다는 생각이 들었지.

이틀을 꼬박 숙소에 묶여 있었어.

잠시 비가 소강상태에 들어간 듯싶으면 겨우 우산을 펴고

근처를 걸었지.

상점들의 문은 대부분 굳게 닫혀 있었지만, 잠시 멈춘 비를 틈 타

과일 가게나 가공 육류를 파는 작은 상점들은 문을 열곤 했거든.

가난한 주머니 사정상 빵 한 조각과, 전날 사둔 치즈 그리고

삼 분의 일 정도가 남은 와인

그리고 몇 조각의 과일과 살라미 정도로 저녁식사를 해결하던

여행의 말미라

내겐 비가 잠시 그치는 그 시간이 참 중요했어.

미야자키 하야오는 이 동화 같은 도시를 배경으로
〈하울의 움직이는 성〉을 그렸다지.
소피와 하늘을 날아오르는 하울의 모습을 생각하니
비가 오는 이 도시가 그곳이 맞나 싶은 생각이 들었어.
하늘이 많이 어두웠고 해서, 더 늦기 전에 집을
나서야겠다고 생각했어.

말릴 틈도 없이 푹 젖어 꺼져버린 운동화를 신고,
나는 엊그제 도착한 이 동네를 다시 어슬렁거렸어.
마침 문을 연 가게들이 있어 기쁜 마음으로 빵과 물 그리고
프로슈토를 조금 사고, 다시 숙소로 향했지. 쁘띠 베니스에
다다르자 다시 빗방울이 조금씩 내리기 시작했어.
나는 우산을 펴고 수로 변에 서서 빗방울이 만드는
파문을 들여다봤어.
파문과 파문 사이를 유유히 오가는 백조의 부드러운 곡선을
들여다보는데 괜히 마음이 애틋했어. 텅 빈 거리가 주는
외로움 같은 거였을까.
문득 커피를 마시고 싶다는 생각이 들었어. 걷다보니 수로 변의

카페 중 다행히 문을 연 곳이 한 곳 있었고 나는 조용히 들어가
수로 변 테라스에 자리를 잡고 앉았어.

딱히 대화를 나눌 사람도 없었기에 에스프레소 한 잔을 시켜놓고는
이어폰을 찾기 시작했어. 옆의 시계는 오후 네시를 가리키고 있었고,
초록의 물결 위에 동그란 빗방울들이 점점이 새겨지고 있었지.
작고 하얀 에스프레소 잔을 동그랗게 만지작거리자 온기가 느껴졌어.
나는 무심히 수로를 바라봤어. 수면 위로 여전히 크고 작은 파문이
번져나가는 걸 보니 아마도 빗줄기는 이대로 약하게 지속될
모양이었어.

쇼팽의 〈프렐류드Prelude〉.
'프렐류드'라는 말은 왠지 어떤 '소녀'를 떠오르게 해. 로맨틱 '튀튀'를
입은 분홍빛의 가녀린 소녀. 누군가의 마음에 똑똑, 호기심 가득한
눈빛으로 노크를 하는. '전주곡'이라는 의미를 가진 프렐류드라는
말은, 어떤 드라마의 시작을 기대하게 하는데 아마도 그 드라마의
시작은 그 소녀의 눈빛 속에서, 가느다란 손가락 끝에서 시작될 것만
같은 거야. 쇼팽의 스물다섯 개의 프렐류드를 하나하나 듣고 있으면,

희극과 비극을 오가는 드라마들이 계속해서 떠올라.

그중 열다섯번째 곡에는 아주 아름다운 제목이 붙어 있지.
'빗방울 전주곡'.
왼손에서 계속되는 빗방울이 떨어지는 느낌의 연속음.
그리고 그 빗방울 사이로 불어오는 바람의 움직임 같은
오른손의 멜로디.

실제로 이 곡은 쇼팽이 가장 사랑했던 연인 조르주 상드를 위해
작곡한 곡이야.
쇼팽이 가장 아팠던 시절, 휴양차 떠난 둘만의
여행지(마요르카 섬)에서.
언젠가 읽은 책에 의하면, 마침 상드는 먹을 것을 사러
잠시 자리를 비운 참이었다고 해.

하필 그때였던 거야. 수도원 지붕 틈 사이로 타닥타닥
빗방울이 떨어진 건.
아마 그때 쇼팽의 마음 위에도 이렇듯 동그란 파문이

ⓒ 윤동희

그려지기 시작했을 테지.

그는 그 짧은 기다림 속에서도 사랑을 발견하고 말았던 거야.

그 기다림의 순간 비가 내린 건, 어떤 드라마의 시작이었겠지.

눈을 감고, 빗방울을 닮은 선율을 그려냈던 거야. 그는.

이 병마 끝에 그녀의 곁에 영원히 남을 수 있을까 하는 마음 따위는

아마 그 순간 없었는지도 몰라. 끝내 사랑하리라, 어쩌면

이 한마디만이 타닥타닥 빗방울처럼 떨어져내렸는지도 모르지.

커피는 식어가고 나는 계속해서 쇼팽의 〈프렐류드〉를 듣고 있어.

이 짧고 불완전한 소품들 사이에서 완벽한 하나의 독주곡으로

자리잡고 있는 빗방울 전주곡. 나는 이게 상드를 향한 쇼팽의

작은 의지였다고 생각해.

완성하고 싶다는. 이번만큼은 끝내 완전한 사랑으로 남고 싶다는

어떤 서글픈 의지 말이야.

하지만 그 너머에는 언제나 불완전하게 끝나버리고 말 것이라는

희미한 확신이 서려 있지.

그것들을 못 본 척, 그는 계속해서 연주하고, 연주했던 거야.

불안을 등지기 위해서 희망을 마주하기 위해서……

둘이 요양을 하며 머무르던 그 마요르카 섬에서, 쇼팽은 그 어느
때보다 많은 곡들을 썼다고 해. 빗방울이 떨어지듯 수많은 음표들이
그의 머리 위로 쏟아진 탓이겠지. 상드와의 사랑은 결국 완성으로
남지 못했지만, 마요르카 섬에서의 시간만큼은 그에게 어떤 사랑의
순간보다도 완벽하고 충만했을 거야.

비는 여전히 그치지 않고 있어.
찻잔 바닥엔 남은 에스프레소 얼룩이 떨어진 빗방울처럼
말라가고 있어.
나는 언제쯤 숙소로 돌아가야 하는지 생각하며 계속해서 빈 잔을
만지작거리고 있는 중이야.

누군가를 견딜 수 없이 사랑한다는 건 레몬을 깨무는 일,
이라는 생각을 한 적이 있어. 향기롭지만 너무 깊게 물면 눈물이
찔끔 날 정도로 나를 아리게 하는 것.
하지만 그 고통이 싫지는 않은 거야.
나를 눈물 나게 하지만 충분히 향기롭고,
가지고 싶게 하거든 사랑이란.

ⓒ 한동희

비행기 표 위에 적힌 익숙한 나라의 이름을 한 자 한 자 짚어가며
읽어가며 나는 손안에 작고 노란 레몬 하나가 쥐어졌다고 생각했어.
이 여행이 끝날 때쯤 알 수 있을 거라고. 깨물거나 그냥 손에 든 채
향기를 맡고 있거나. 이게 레몬인 사실은 달라지지 않겠지만,
나는 어떤 선택에 의해서든 달라져 있을 거라고 믿었어.
이렇게 큰 마음은 나 혼자서 갖기엔 너무 버거운 거였거든.
이렇게 커다란 사랑은 나 혼자 하기엔 너무 두려운 거였거든.

여행은 파리에서 시작됐어.
생에 여러 번의 파리가 있었지만, 이번엔 조금 달랐어.
우선 혼자였고, 매일이 맑았지.
에펠탑에 가지 않았고, 내가 지금 있는 곳이 어디인지 지도를 보며
확인하지 않았어.

날씨가 너무나 좋아서, 나는 자주 외로웠고 자주 그늘을 찾아야 했어.
그늘은 조금 견딜 만했거든. 무엇이든 너무 밝고 화창한 것들이
나는 힘겨웠어.
살며 그런 때가 가끔 있는 거라고 생각했지만,

그러기에 이 파리라는 도시는 지나치게 선명했어.
하필 그런 계절에 나는 와버린 거야.

몽마르트르 근처에 숙소를 잡은 건, 주머니 사정이 여의치
않아서이기도 했지만, 사실 다른 이유 때문이기도 했어. 그곳엔
내가 좋아하는 유령들이 살거든. 르누아르와 모딜리아니, 로트렉과
위트릴로 그리고 에리크 사티. 오래된 낭만이 끝없이 존재하는 곳.
과거의 낭만 위에서만 현실이 겨우 존재하는 곳.

이젠 자주 만나 익숙한 골목과 상점 사이를 지나다니며
그 사랑스러운 유령들과 인사해.
변하지 않는 얼굴들. 미소들. 두근거림과 두려울 만큼의 아름다움…….
그들의 눈빛은 여전히 어떤 예술혼으로 빛나고 있는 것 같아.
익살맞고, 한편 천진하기도 하지.

그렇게 한참을 걷다 한 카페에 들렀어.
곧 물 한 병을 시켜놓고 나는 내가 밟고 지나가야 할
그늘들을 생각했어.

어서 해가 졌으면, 서늘해졌으면. 이 사랑에 어떻게든
끝이 생겨났으면…….

얼마 후 몽마르트르 거리의 활기는 어느새 나로 하여금
어떤 음악을 떠오르게 했어.
에리크 사티의 〈Je te veux〉.
'난 널 원해'. 이 곡의 제목만 들어도 그가 어떤 심정으로
이 곡을 만들었는지 알 수 있지.

달콤하고 기분 좋은 이 곡은 에리크 사티의 연인 수잔 발라동을
위해 만든 곡이었어.
분명 한창 사랑에 빠진 이만이 낼 수 있는 어떤 색채가 이 곡엔 존재해.
부드러운 4분의 3박자의 달콤한 선율을 들을 때면 볕이 잘 드는
피아노 앞에 앉아 있는, 미소 가득한 에리크 사티의 얼굴 그리고
사랑에 빠진 연인이 두 손을 잡고 끝없이 왈츠를 추는 장면이
떠오르곤 하는 거야.
빙글빙글 세상의 끝까지 팔랑대며 날아갈 것 같은 가벼운
초록 잎 같은 두 남녀.

그들의 두 발은 사랑이 흘러가는 곳이 어디든 영원히 지치지 않고
구를 수 있을 것처럼 가벼워 보여. 그래서 위태로워 보여.

하지만 발라동과 사티, 그 사랑의 끝을 알아서일까. 내게 그 곡은
너무 기쁜 나머지 결국 슬프게 들리곤 하는 거였어. 이렇게나
아름다운 햇살 아래서, 눈부신 색채 안에서, 이 음악을 들으며 결국
홀로 남은 에리크 사티를 생각하게 되는 거야.

사티는 자유분방한 수잔 발라동과 그리 오래가지 못했어.
발라동은 한 사람만의 연인이 되기엔 너무나 자유로운 예술가였지.
너무 뜨거운 운명을 가진 그 둘은 그렇게 서로가 서로에게 데이며
겨우 사랑했지만, 불같은 6개월간의 동거 끝에 큰 싸움을 (발라동이 2층
발코니에서 뛰어내릴 만큼 격렬한) 하고는 곧 이별했다고 해.
그리고는 혼자 칩거하다시피 하며 작품 활동을 한 에리크 사티는
남은 생에 다시는 연애를 하지 않았어. 생의 처음이자 끝의 연애를
그녀와 함께한 거야.

훗날 사티가 죽은 뒤 그의 방에서는 그가 그린 발라동의 초상화와

발라동이 그를 그린 초상화 그리고 보내지 못한
편지 한 묶음이 발견됐어.
그는 이별 후의 시간을 끝까지 그리움으로 지켜낸 거야.
그곳에서 한 발자국도 움직이지 않고서.
마음의 문을 걸어 잠근 채로 자기 안으로만
지난 기억 안으로만 침잠한 거야.

이 아름답고 부드러운 선율의 곡이 나에게 슬픈 이유를 알 수 있겠니.
너무 기쁘고 넘치는 사랑이 자꾸만 슬퍼지는 이유를 말이야.

이윽고 〈짐노페디 1번〉이 흘러나왔어. 나는 그대로 맞은편 의자에
두 발을 올려놓고는 눈을 감았지. 여행에서의 '짐노페디 시간'을
나는 참 좋아해. 어디에서든 내 귀에 짐노페디가 들려오면
순간 세상의 속도는 딱 반으로 줄어들거든.

절반의 속도 그 안의 풍경, 사람, 시간들.
그때는 마치 내 심장마저 절반만큼만 뛰고 있는 것 같아.
수면과 일상의 중간쯤 어디를 떠다니는 것 같은 그 느낌은 참 행복해.

ⓒ 윤동희

점점 죽어가는 것 같기도 하고, 조금씩 더 살아나는 것 같기도 한
그 느낌. 선글라스로 표정을 숨긴 뒤, 그렇게 한참을 앉아 있었어.
절반의 세상 속에서, 아직 너에게 절반이 되지 못한 나를 생각하면서.

그리고 다시 이곳에.

비는 여전히 딱 그만큼의 파문을 만들며 떨어지고 있어.
세상 이곳저곳에 노크를 하듯 똑 똑 똑- 내가 정해야 하는
대답은 무엇일까.
떨어지는 빗소리에서 사랑을 발견하고, 어떻게 해서든 이 사랑을
끝내 완성시키고자 하는 마음으로, 또 끝내 내 것이 될 수 없었으나
보내지 못한 채 끌어안을 수밖에 없는 마음으로, 나는 이 여행 내내
내 안에서 고개를 내밀던 질문들에게 답해야 할 거야.

이곳은 프랑스 알자스 지방의 콜마르.
우산 위로 하나둘 떨어지는 빗방울 소리를 들으며 나는 다시
숙소로 돌아가고 있어.
숙소에 돌아가면 창문을 활짝 열고 다시 한번 쇼팽의

〈프렐류드〉를 들으려고 해.

와인을 따르고 마른 빵을 자르고 비에 젖은 옷을 툭툭

털어 창가에 말리면서.

편지 같은 것은 쓰지 않은 채로, 너의 안부 같은 건 훔쳐보지도

않은 채로.

너는 나를 사랑할 수 있을까?

아니 나는, 너를 사랑하지 않을 수 있는 걸까?

이 비는 언제쯤 그치는 걸까?

만약 내일도 모레도 비가 온다면, 나는 그냥 이곳에 고여 있기로 했어.
그렇게 여행의 마지막 날까지 고여 있다가 이윽고 어디론가
증발해버리는 것도 괜찮겠다고 그렇게 생각해버리기로 했어.

다시 돌아가면 막 가을이 시작되고 있었으면 해,
빗방울 소리에 사랑을 담아버리는 운명 같은 걸 생각할 새 없는.
그런 건조하고 맑은 가을이.

장연정 / 대학에서 음악을 전공했고 현재 작사가로 활동하고 있다. 문득
짐 꾸리기와 사진 찍기, 여행 정보 검색하기, 햇볕에 책 말리기를 좋아한
다. 여행산문집 『소울 트립』, 『슬로 트립』, 『눈물 대신, 여행』이 있다.

ⓒ 유동현

ⓒ 윤동희

한밤중의
뱀파이어들

글 정성일

여기서 원래 주어진 청탁으로부터 약간 빗나갈 생각이다. 우선 나는 여행할 때 무슨 음악을 들고 가는 것을 몹시 귀찮게 생각할 뿐만 아니라 필요하지도 않은 일이라고 생각하는 쪽이다. 아니, 거기 바람이 있는데 왜 음악을 듣고 계신가요? 물론 다른 사람의 취향에 대해서 간섭할 생각은 없다. 하지만 ECM 레코드 트위터에 써 있는 문장을 환기시키고 싶다. 그들은 자신들이 녹음한 음악을 이렇게 말했다. "침묵 다음으로 가장 아름다운 음악The most beautiful sound next to silence." 만프레드 아이허는 내 대답이 실망스럽겠지만 그 말은 침묵이 더 아름답다는 뜻이다. 그래서 내가 여행할 때 고민하는 것은 음반이(혹은 음악 파일이) 아니라 무슨 책을 들고 갈지이다. 하지만 여행을 가면 수많은 음악과 마주치게 된다. 서울에서는 거의 들어본 적이 없는 아랍 일렉트로니카를 파리에 가면 어디에 가서도 마치 내 여행의 사운드트랙인 것처럼 듣게 된다. 타이베이에 가면 서울에서 듣던 걸 그룹의 노래를 이어서 듣게 된다. 가끔은 베이징에서도 그렇다. 도쿄는 음악을 너무 작게 틀어놓아서 미처 무얼 들었는지조차 잘 기억나지 않는다. 하지만 내 이야기의 방점은 그런 거리의 노이즈에 있지 않다.

좀 오래된 일이다. 그때 나는 단편영화들을 보기 위해 프랑스 남쪽 지방의 클레르몽페랑을 찾았다. 거기에는 매년 일월 말이면 열리는 클레르몽페랑 영화제가 있었기 때문이다. 이 영화제를 불러 '단편영화제의 칸'이라고도 한다. 이 여행길은 출발부터 기분이 좋았는데 마침 영화제 기간이 구정 설날 연휴와 겹치면서 비행기는 텅텅 비었다. 지금은 이 기간이 되면 모두들 여행을 떠나지만 그때는 아무도 그러지 않았다. 1994년의 일이다. 스튜어디스들은 승객들에게 편한 자리 아무 데나 앉기를 권했고 비행기가 출발하자 가운데 좌석의 팔걸이를 모두 올린 다음 마치 침대처럼 누워서 모포를 둘러쓰고 잠을 청했다. 당신께서는 그렇게 비행기를 타본 적이 한번이라도 있으신가요. 나는 그 이전에도 그 이후에도 그렇게 타본 적이 없다. 자다 일어나면 마치 맞춤 승객인 것처럼 식사를 가져다주었고 원하면 얼마든지 와인 잔을 채워주었다. 무언가 이 여행은 호사가 될 거라는 기분이 들었다.

파리의 일월은 언제나 그렇지만 우중충하고 바람은 몹시 날카로웠다. 나는 여기 오래 머물 생각이 없었다. 하룻밤을 잔 다음, 아침 일찍 몽파르나스 역에 가서 TGV를 타고 클레르몽페랑으로 떠났다. 종종 시속 180킬로미터를 넘는 이 열차는 388킬로미터가 떨어진 이 남부 지방에 도착하는데 별로 오래걸리지 않았다. 내가 이 도시를 영화에서 본 것은 고등학교 시절 에릭 로메의 〈모드 집에서의 하룻밤Ma nuit chez Maud〉이라는 영화에서였다. 물론 이 영화는 걸작이다. 무대는 클레르몽페랑. 어느 눈이 많이 내린 겨울. 흑백 필름으로 찍은 스탠더드 고전 사이즈. 이제 막 마흔 살이 된 장-루이는 아직 독신인데 이상하게 결혼할 마음이 내키지 않는다. 그러던 어느 날 성당에서 한 소녀를 보고 그만 한눈에 완전히 마음을 빼앗긴다. 하지만 그녀의 이름이 무엇인지, 어디서 사는지, 누구인지조차 모른다. 그저 장-루이는 그녀를 마음에 담아둘 뿐이다. 그 속을 모르는 철학 교수인 친구 비달은 자신의 여자친구인 모드를 소개한다. 세 사람은 술을 마시는데 비달은 마르크스와 파스칼에 관한 몹시 길고 지루한 이야기를 늘어놓는다. 몹시 육감적인 모드는 그 이야기가 따분할 뿐만 아니라 지금 한눈에 장-루이에게 반한 상태이다. 술자리가 끝난 다음 장-루이는 모드의 집에 가게 되고 그녀와 한 침대에 눕는다. 물론 모드는 지금 장-루이와 사랑을 나누고 싶다. 장-루이도 이 아름다운 여자가 무얼 원하는지 잘 알고 있다. 그런데 장-루이는 침대에 누워 아까 비달의 지루하기 짝이 없는 토론 주제를 꺼내들고 마음에도 없는 진지한 토론을 이어간다. 그 이야기가 빨리 끝나기를 기다리던 모드는 그만 잠이 든다. 장-루이는 자신이 왜 이런 바보 같은 짓을 했는지 다소 어리둥절한 표정으로 침대에 앉아 잠든 모드를 바라본다. 모드와의 사이는 그길로 끝난다. 세월이 흘러 장-루이는 성당에서 보았던 그 소녀 프랑소와즈와 결혼을 하고 아이를 낳

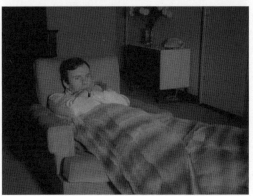

© *Ma nuit chez Maud*, 1969

213

는다. 그렇게 살면서 어느 여름 바캉스를 간다. 그리고 장-루이는 거기서 우연히도 다른 남자와 결혼한 모드와 마주친다. 두 사람은 건조하게 서로의 안부를 물어본 다음 헤어진다. 그때 다가온 아내 프랑소와즈는 누구냐고 물어본다. 장-루이는 진실을 이야기하지 않는다. 프랑소와즈는 잘 설명하기 힘든 미소를 짓는다. 나는 이 영화에 특별하게 매혹되었고 그 이후에도 몇 차례이고 반복해서 보았다. 말하자면 나는 한편으로는 클레르몽페랑 영화제를 찾아서 이 도시를 간 것이지만 동시에 에릭 로메가 〈모드 집에서의 하룻밤〉을 찍었던 바로 그 계절에 여기에 가보고 싶었다. 그래서 할 수만 있다면 장-루이가 프랑소와즈를 처음 만난 성당을 방문한 다음 거기서부터 장-루이가 그녀를 뒤쫓던 그 길을 따라 걸어가면서 한 번 더 그 감흥을 음미하고 싶었다.

이 여행에 내가 가방에 넣은 책은 당연히(!) 블레즈 파스칼의 『팡세』였다. 물론 에릭 로메의 영화에서 파스칼과 마르크스에 관한 긴 토론이 나오기 때문이다. 그렇다면 당신은 반문할지 모른다. 왜 마르크스가 아닌가요? 당연하지. 블레즈 파스칼은 1623년 6월 19일 여기서 태어났기 때문이다. 클레르몽페랑에는 그래서 파스칼 대학이 있다. 도착한 건 내 기억이 틀리지 않다면 점심 무렵이었다. 낯선 도시에 처음 와서 실수를 하지 않는 가장 좋은 방법은 할 수 있는 한 어슬렁거리고 걸어가는 것이다. 하지만 무거운 여행 가방을 들고 점심식사를 하기 위해 두리 번거리는 건 좋은 선택이 아니다. 역에서 그리 멀지는 않지만 걸어가 기에는 다소 먼 별 둘짜리 호텔을 먼저 찾아갔다. 다행히도 이 겨울에 바람이 별로 새지 않는 단단한 창문틀을 갖고 있었다. 나는 겨울을 여 행할 때 유럽에서 싸고 오래된 호텔에 대한 두려움이 있다. 잘못 머물 면 그 방은 바람에 종종 창문이 열리고 지중해성 기후는 마치 물에 적 신 것만 같은 음산한 추위로 방 안에 스며들기 시작한다. 다행히도 그 저 이름만 보고 예약을 한 내 선택은 틀리지 않았다.

나는 도시를 두리번거렸고 클레르몽페랑은 교육 도시답게 학생들의 활기가 넘쳐났다. 다만 영화제 사무국을 찾아가서 영화제 카드를 받을 때 나에 관한 아무런 소개도 하지 않았는데 갑자기 금발의 귀여운 자 원봉사자 소녀가 중국어로 말을 걸었을 때는 당황했다. 그 이유를 알 기까지는 그리 오래 걸리지 않았다. 이 작은 도시에는 정말 많은 화교 들이 살고 있었고 아마도, 필시 아마도, 이 소녀는 나를 친척을 만나러 온 중국인이었다고 생각했던 모양이다. 영화제는 생각보다 훌륭했지 만 단편영화제는 반드시 보아야 할 영화 목록이 있는 것은 아니기 때 문에 예쁜 식당을 돌아다니면서 겨울 햇살이 좋은 야외 자리에 앉아 카페를 마시면서 유유자적 시간을 보냈다. 그러다가 아마 나흘째 되던

날, 아니면 닷새째가 되는 날, 영화가 상영되는 시청 건물을 멀리하고 이 도시를 산책하기로 하였다. 그날은 정말 영화를 보기에는 날씨가 너무 좋았다. 클레르몽페랑은 산책하기에 좋은 도시였다. 차는 이따금 다녔고 사람들은 이 낯선 방문자에게 언제든지 길을 가르쳐줄 수 있다는 듯한 표정으로 눈이 마주치면 웃음을 지어 보였다. 그건 파리에서는 거의 기대할 수 없는 안도감을 안겨주었다.

그러다가 우연히 벽에 붙어있는 포스터를 보게 되었다. '토요일 밤, 루이 푀이야드의 〈뱀파이어Les Vampires〉 상영, 파스칼 대학 강의실. 무료. 피아노 연주 있음.' 그걸 한참 바라보았다. 나는 이 영화를 사무치게 보고 싶어했지만 그때 어디서도 볼 방법이 없었다. 1915년에 만들어진 연쇄극. 1952년 브뤼셀 만국박람회에서 상영할 영화를 선정하기 위해 유럽의 감독들과 비평가들에게 앙케트를 구했을 때 앙드레 바쟁이 맨 위에 써넣은 영화 제목. 상영시간 6시간 26분. 갱단 뱀파이어는 이르마 베프라는 정체불명의 여인이 이끄는 조직이다. 그들은 살인과 도둑질을 일삼고 있으며 그들을 잡기 위해 경찰이 나서지만 오리무중이다. 당시 제1차세계대전이 진행중인 유럽의 파리에서 찍힌 영화. 그 불길한 공기. 범죄와 유혈참극. 루이 푀이야드가 거리를 찍을 때는 마치 뤼미에르 형제의 풍속 다큐멘터리처럼 그리고 범죄의 트릭 장면은 멜리

에스의 환상 영화처럼 진행하면서 초창기 영화의 신비로움이 보는 내내 누구라도 유령에 홀리는 것만 같다는 영화. 말하자면 영화사의 전설. 모두 10편으로 이루어진 이 영화는 어디에서도 아직 비디오가 나오지 않았다. 게다가 난 이 영화를 무엇보다도 필름으로 보고 싶었다. 그런데 이걸 지금 16밀리미터 프린트로 상영한다는 포스터를 난데없이 클레르몽페랑 거리에서 마주친 것이다. 가슴이 두근거리기 시작했다. 마침내 이 영화를 본다. 그래서 영화가 시작하는 시간을 보니 심지어 밤 12시에 첫번째 에피소드를 상영한다고 써 있었다. 혹시나 내가 잘못 읽은 것은 아닌지 보고 또 보았다. 한낮 정오에 상영했는데 나 혼자 한밤중에 대학 강의실을 찾아가면 참으로 낭패가 아닌가. 너무 좋아서 나오는 웃음을 참을 수가 없었다.

재빨리 저녁을 먹고 어쩌면 난방이 잘 안 될 수도 있다는 걱정에 옷도 챙겨들고 파스칼 대학을 찾아 나섰다. 다행히 가는 길은 어렵지 않았고 게다가 학교에 들어서니 가는 길목마다 포스터를 붙여놓았다. 나도 모르게 중얼거렸다. 메르씨, 메르씨. 고마워, 고마워. 하지만 아무래도 밤이 시작되고 한 번도 와본 적이 없는 낯선 도시의 낯선 대학 교정을 가로질러 낯선 강의실로 가는 길은 나를 필요 이상으로 예민하게 만들었다. 학교는 방학이라 그런지 텅 비어 있었다. 자꾸만 아, 내가 정오

© Les Vampires, 1915

12시를 잘못 본 것은 아닐까, 라는 의심이 들기 시작했다. 건물 앞에 도
착했을 때야 비로소 안도의 한숨을 쉴 수 있었다. 거기 포스터가 붙어
있었고 꽤 많은 숫자의 학생들이 계단에 앉아 담배를 피우고 있었다.
이번에는 아, 작은 강당이라 매진이 되면 어쩌지, 라는 걱정이 몰려오
기 시작했다. 거의 백번쯤 망설인 끝에 가장 친절해 보이는 학생에게
다가가 혹시 미리 표를 나누어주었냐고 물어보았다. 몹시 어색한 불어
에도 불구하고 그 학생은 순서대로 입장할 뿐만 아니라 (내 근심스러운 표
정을 살펴보더니) 꽤 큰 강당이라 자리가 모두 차는 일은 없을 거라는 말
을 덧붙여주었다. 그래도 근심은 멈추지 않았다. 만일 최악의 사태가
벌어지면 난 밤새도록 서서라도 볼 거야, 라고 혼자서 비장한 표정을
지었다. 클레르몽페랑이 남부 도시이기는 하지만 밤이 되자 꽤 추웠다.
그 추운 밤의 공기가 지금도 생생하다.

마침내 시간이 되었다. 좀더 정확하게는 아직 두 시간이 남았고 강의
실이 있는 건물 문이 열렸다. 나만 발걸음을 서둘렀고 학생들은 여전
히 바깥에 머물면서 마저 담배를 피우고 있었다. 약간 민망하게도 강
의실에 내가 맨 먼저 도착했다. 문 앞에는 아무도 없었고 그냥 문만 열
려 있었다. 그 학생의 말처럼 그 강의실은 강당에 가까웠다. 몇몇 학
생이 나를 힐끗거리면서 보긴 했지만 대부분 관심이 없는 것처럼 보

였다. 다행히도 (아마도) 동네 중국인들도 보이기 시작했고 (그런데 그게 왜 다행인지는 모르겠지만) 나이 많은 분들도 보이기 시작했다. 숨을 돌리고 나서 비로소 스크린이 걸려 있는 무대를 보았다. 그때 약간 어리둥절해진 것은 스크린 앞에 꽤 큰 그랜드 피아노가 놓여 있었기 때문이다. 나는 이 영화가 무성영화라는 것을 알고 있고 또 무성영화를 상영할 때 반주하는 것을 본 적도 있다. 하지만 이렇게 스크린 바로 아래 피아노를 가져다놓은 것은 처음 보았다. 강의실은 모두 차지는 않았지만 그래도 이 시간에 많은 관객들이 자리를 채웠다. 파리의 심야극장을 가면 오래전 고전영화인데도 꽉 찬 극장을 본 적이 있기 때문에 이런 풍경이 놀랍진 않았다.

이제 영화만 시작하면 된다. 그런데 그때 행사를 준비한 것으로 보이는 한 학생이 나와 오늘의 영화를 이야기한 다음 갑자기 차례로 열 명의 다른 학생들을 소개하기 시작했다. 소개하는 학생의 불어는 몹시 빨랐고 (약간 변명을 하자면) 너무 목소리가 작았다. 솔직하게 말하면 그게 무슨 소개를 하는 건지 몰랐다. 난 그저 영화를 보면 돼, 라는 생각만 하고 있었기 때문에 사실 별 관심도 없었다. 그런데 그중 한 학생이 피아노 앞에 앉았다. 비로소 이 학생들이 영화가 상영되는 동안 피아노 반주를 하게 될 것이라는 걸 알았다. 불이 꺼지고 영화가 시작되었다. 첫 장면이 시작되었다. 그 순간 연주가 시작되었다. 첫 소절을 듣자마자 지금 이 학생이 〈뱀파이어〉가 처음 상영되었을 때, 그러니까 1915년에 사용되었던 악보나 그 당시의 연주와 아무 관련이 없는 창작에 가까운 연주를 하고 있다는 것을 즉각적으로 알았다. 무언가 이건 낭패라는 생각이 들었다. 왜냐하면 나는 영화가 보고 싶었던 것이었기 때문이다. 그것도 누구의 방해도 받지 않고 영화가 보고 싶었다. 그렇기 때문에 미처 이런 상황을 예상하지 못했다. 반주가 있다는 것은 포스터를 보고 알았지만 그저 무성영화에 의례적으로 연주되는 수준일 것으로 생각했지 이렇게 학생들의 본격적인 연주회가 될 것으로는 상상하지 못했다. 게다가 이 학생의 연주가 그렇게 좋지 않았다. 아티큘레이션은 투박했고 이 강의실은 음향의 울림에 적절치 않았다. 때로 피아노 소리는 물을 먹은 듯 들리기조차 했다. 차라리 아무 반주 없이 그냥 영화가 상영되었으면 좋겠다, 라는 생각이 들었지만 그 자리에서 나는 그걸 멈추게 할 만한 어떤 권리도 없었다. 첫번째 연주가 끝나자 첫번째 에피소드가 끝났다.

모두들 박수를 쳤다. 아무리 예의를 갖추더라도 난 박수를 칠 생각이 나지 않았다. 그냥 무례하게 멍하니 앉아 있었다. 그렇게 앉아 있는 나를 옆자리의 프랑스 아줌마가 힐끔 보기는 했지만 별말을 하지는 않았다. 잠깐의 휴식을 취하고 난 다음 두번째 학생이 피아노 앞에 앉았다. 다행히도 훨씬 좋았다. 그러나 이 두번째 학생은 거의 영화와 별 상관도 없는 바흐의 《영국 조곡》 중의 일부와 《평균율 클라비어곡집》 중의 일부를 번갈아 연주하였다. 나는 지금도 왜 그걸 연주했는지 이해하지 못한다. 아마 루이 푀이야드도 이해하지 못했을 것이다. 두번째 학생은 영화에 반주를 했다기보다는 무대에 올라와서 그동안 연습한 곡을 연주한 것 같았다. 나는 그냥 무언가 오늘 영화 감상은 망쳤다는 예감이 들었다. 고맙게도 세번째 학생이 나에게 안도감을 주었다. 그 학생은 아주 느린 속도로 에리크 사티를 연주했다. 선곡은 좀 의외였지만 (잘 알려지지 않은 곡들을 위주로 선택을 했기 때문에 한참을 듣다가 끝날 무렵에 문득 알았다.) 살롱 음악은 거의 영화를 방해하지 않았다. 게다가 루이 푀이야드가 〈뱀파이어〉를 만들었던 시기에 작곡된 곡들은 때로 영화음악처럼 서로 공명 현상을 만들어냈다. 나는 이 학생이 제발 계속 연주를 해주었으면 좋겠다고 거의 기도하는 심정이 되었다. 게다가 다소 진부하게 진행되는 선율의 사티를 이 학생은 (내가 알고 있는 알도 치콜리니의 그 유명한 연주보다) 약간 느리게 가끔 머뭇거리듯이 연주했다. 그게 이상하게도 1915년에 만들어진 이 영화의 화면들과 잘 어울렸다.

나는 이날의 모든 연주를 기억하지는 못한다. 그런 다음에 갑자기 이 모든 연주회가 잘 진행된 것은 아니다. 학생들의 연주는 기복이 심했고 종종 선곡은 영화를 벗어나곤 했다. 하지만 이 상황이 반복되면서 신기하게도 나는 기괴하다고 할 수밖에 없는 이 연주회에 적응하고 있었다. 가장 기억에 남은 것은 다소 부정확하게도 여섯번째인가 일곱번째 연주자였다. 이 상황이 반복되면서 사실 나도 모르게 때로 즐기면서 은근히 다음 연주자의 곡목이 궁금해지고 있었다. 이 연주자가 기억나는 것은 중국인 여학생이 올라왔기 때문이고 (물론 여기서 낮에 자주 중국인들을 마주쳤기 때문에 그냥 멋대로 추측한 것이다. 어쩌면 일본인일지도 모른다.) 그런 다음 앉아서 갑자기 슈만을 연주하기 시작했기 때문이다. 나는 루이 푀이야드의 영화가 슈만과 잘 어울릴 거라고는 미처 상상하지 못했다.《어린이 정경》중의 몇 곡을 발췌해서 연주하기 시작했다. 이 여학생은 정말 괴이한 방식으로 슈만을 쳤다. 나에게 슈만이란 언제나 호로비츠의 연주가 모범이었기 때문에 그걸 거의 기복 없이 쳐나가기 시작했을 때 처음에는 귀에 익은 이 선율의 곡이 뭐지, 라고 어리둥절했을 정도였다. 게다가 이미 새벽 3시가 지나면서 약간 몽롱하기까지 한 상태였다는 점을 계산에 포함시켜주기 바란다. 그 여학생은 정말 또박또박 쳐나가고 있었다. 페달도 사용하지 않았고 그냥 내 앞에 피아노가 있고 건반이 있으니까 그걸 악보대로 연주하겠습니다, 라고 다짐이라도 한 것처럼 그렇게 한 음 한 음을 눌렀다. 마치 자신이 글렌 굴드이기라도 한 것처럼. (그런데 굴드도 슈만을 그렇게 연주하지는 않았다.) 나는 이게 이 학생의 해석인지 아니면 아직 서투른 연주 때문에 악보에 있는 음표대로만 치고 있는 것인지 다소 분간하기 어려웠다. 그런데 마무리를 하면서 〈트로이메라이〉를 치기 시작했는데 이게 몹시 감동적이었다. 무엇보다 음표간의 시간적인 간격이 사무치는 정감을 불러일으켰다. 약간 음향이 나쁜 피아노와 종종 약한 f 음을 먹어버리는 강당은 마치 이 학생의 연주를 위한 가장 좋은 조건이 된 것처럼 어떤 환청마저 만들어냈다. 그리고 그게 내 앞에 펼쳐진 16밀리미터 프린트의 다소 나쁜 상태의 화면 질감과 어울리기조차 했다. 지금은 겨울이었고 새벽은 이상하게 스산했다. 잘못 녹음된 것만 같은 피아노 소리. 이따금 울리는 유리 창문의 바람 소리. 게다가 나는 여기 앉아 있는 외국인이었다. 그게 듣고 있는 내게 알 수 없는 정취를 끌어내기 시작했다. 심지어 이런 연주라면 영화와 아무 상관이 없어도 괜찮아, 라고 말하고 싶을 정도가 되어버렸다. 나는 그 이전에 이 곡이 그렇게 훌륭하다는 생각을 해본 적이 없다는 점을 먼저 고백해야겠다. 그냥《어린이 정경》에 포함된 한 곡이었기 때문에 들었을 따름이었다. 나는 그 여학생을 보느라 그만 일부 장면을 놓쳐버리고 말았다.

나는 갑자기 이날의 모든 이상했던 연주들을 이미 모두 용서하고 있었다. 나는 그렇게 간절하게 바라던 영화를 보았고 내가 한 번도 기대하지 않았던 슈만을 들었어, 그럼 된 거야. 이 학생 다음에 연주했던 목록들은 잘 기억나지 않는다. 다만 마지막 학생이 어쩌자고 리스트가 피아노 편곡한 베토벤의 교향곡 5번을 연주했다. 아마도 이 곡이 이 기나긴 연주회의 클라이맥스를 장식하기에 적절하다고 생각했는지 모르겠다. 딱히 나쁘지도 않았고 별로 기억에 남지도 않는 연주였다. 그런 다음 긴 상영회가 끝났고 나는 이상할 정도로 벅찬 기분이 되었다. 난 그걸 구태여 설명하고 싶지 않다. 그런 다음 호텔로 돌아와 하루종일 잠을 잤다. 남은 일정은 잘 기억나지 않는다. 맛있는 치즈도 먹었고 (클레르몽페랑은 치즈로도 유명한 도시이고 그래서 도시 한복판에 있는 슈퍼마켓에 가면 365가지 종류의 치즈를 판다. 하루에 하나씩 일 년 동안 먹으라는 뜻이다.) 물론 에릭 로메를 떠올리면서 〈모드 집에서의 하룻밤〉을 찍었던 그 성당에서부터 장-루이가 프랑소와즈를 뒤쫓던 길을 따라 걸어가는 오후를 가져보았다. 영화제에서 상영된 단편영화 마지막 회를 보고 나오면 근처 카페에서 밤새도록 아마도 감독으로 보이는 젊은 청년과, 그 영화를 이야기하는 학생들의 테이블이 누구라도 환영하면서 기다리고 있었던 것도 생각나지만 모두 이제는 희미해져버렸다. 나에게 클레르몽페랑은 오로지 루이 푀이야드의 〈뱀파이어〉와 열 명의 연주자, 아니 차라리 〈뱀파이어〉와 〈트로이메라이〉의 도시가 되어 그 시간에 머물고 있다. 그런 다음 지나가버린 옛날의 감각과 다시 찾아온 현재의 감각 사이의 만남. 거의 나도 의식하지 못하면서 첫번째 영화의 시나리오를 썼을 때, 아마도 65번째 신에서, 거기서 주인공 영수가 "무슨 곡을 칠까요?" 라고 자신이 불륜에 빠진 여자의 남편에게 질문했을 때 다 아는 것만 같으면서도 아무것도 모른 체하고 있는 남편의 입에서 "글쎄요, 슈만의 〈트로이메라이〉는 어떻습니까?"라고 그냥 거의 자동기술이라도 하듯이, 그렇게 나와버렸을 때 나는 몹시 당황했다. 왜냐하면 이 시나리오를 쓰기 전까지 단 한 번도 이 곡을 의식하지 않고 있었기 때문이다. 오히려 나는 거기서 브람스를 생각하고 있었다. 하지만 정작 그 대사를 쓸 때 나도 모르게 왠지 브람스는 어울리지 않아, 라고 하더니 순식간에 '트로이메라이'라고 써버리고 말았다. 도대체 이 기억은 내게 어떻게 남겨져 있었던 것일까. 나는 시간의 요술을 설명하는 법을 알고 있지 못하다. 아마도 나는 이미 주어져 있던 것을 어느 순간에 그저 다시 발견했을 뿐일 것이다. 하지만 어떤 힘이 내게 그걸 다시 발견할 수 있는 기회를 주었는지 알지 못한다. 여기에는 어떤 조화도, 어떤 법칙도, 어떤 논리도 없이 그저 찾아온 기억에 대한 나의 환대만이 있을 뿐이다. 나는 아무도 알지 못하게 그 장면 위에 클레르몽페랑의 신, 이라고 살짝 낙서하듯이 써놓았다. 물론 아무에게도 설명하지 않았고, 그날의 나의 감흥을 신하균씨에게 요구하지도 않았다. 하지만 나는 촬영을 하면서 거의 얼굴도 기억나지 않는 그 여학생을 떠올리고, 또 떠올리면서, 중얼거렸다. 이 장면은 당신에게 바치는 것입니다. 세상의 인연이란 얼마나 기기묘묘한가. 나는 그 기기묘묘함을 사랑한다.

정성일 / 영화감독, 영화평론가. 1959년 서울에서 태어났다. 《로드쇼》의 편집차장, 《키노》의 편집장, 《말》의 최장수 필자를 거치며 대한민국 영화 비평의 흐름을 바꾸어놓았다. 2009년 겨울 첫번째 장편영화 〈카페 느와르〉를 찍었으며, 지은 책으로 『언젠가 세상은 영화가 될 것이다』 『필사의 탐독』 등이 있다.

ⓒ 카페 느와르, 2009

여행지의 음악

글 정혜윤

$f\!z$

〈Kiss me〉 – 식스펜스 넌더 리쳐 Sixpence None The Richer

Kiss me out of the bearded barley

Nightly, beside the green, green grass

Swing, swing, swing the spinning step

You wear those shoes and I will wear that dress

Oh, kiss me beneath the milky twilight

Lead me out on the moonlit floor, lift your open hand

Strike up the band and make the fireflies dance

Silver moon's sparkling

So kiss me

Kiss me down by the broken tree house

Swing me upon its hanging tire

Bring, bring, bring your flowered hat

We'll take the trail marked on your father's map

Oh, kiss me beneath the milky twilight

Lead me out on the moonlit floor, lift your open hand

Strike up the band and make the fireflies dance

Silver moon's sparkling

So kiss me

Kiss me beneath the milky twilight
Lead me out on the moonlit floor, lift your open hand
Strike up the band and make the fireflies dance
Silver moon's sparkling
So kiss me

So kiss me, So kiss me, So kiss me

지난 2월 갑작스럽게 필리핀 보홀로 여행을 갔다. 여행 가기 전에 마지막으로 녹음·편집한 곡이 Sixpence None The Richer의 〈Kiss me〉였다. 그날의 방송 내용은 일상적인 작은 행복에 관한 것이었다. "너는 저 신발을 신어, 나는 이 옷을 입을게." "그네 타고 싶어, 좀 밀어줘." "우리 밖으로 나갈래?" "저쪽 길로 쭉 걸어볼래?" "저 꽃 달린 모자 좀 집어줘." 이런 대화들을 나누면서 달빛 아래 팔짱도 끼고 은하수를 올려다보기도 하고 그 아래서 "키스할까?"라고 할 수 있다면 지상에서 그보다 더한 행복이 또 있을까? 그런 내용이었으므로 이 노래보다 더 적합한 선곡이란 있을 수 없었다. 이런 것을 가리켜 신의 선곡이라고 한다. 나도 가끔은 그런 일을 하기도 한다. 사실은 뻥이다. 나는 언제나 하늘을 올려다보는 것을 좋아했다. 가사에 달이나 별이나 은하수가 들어가면 어떻게든 꿰맞춰서 그 음악을 틀어버리곤 한다. 나의 편향이

불러온 선곡이었을 뿐이다. 그렇다손 치더라도 일상의 작은, 아주 구체적인 행복과 이 노래는 참 잘 어울린다. 살다보니 하늘을 올려다보는 것만큼이나 나를 매료시키는 사람들이 있다는 것을 알게 되었다. 그런 사람들과 함께 달, 별, 은하수, 오로라, 창공의 푸른색을 연상시키는 이야기들을 하고 돌아오는 길에 하늘을 다시 올려다본다면 그날 나는 더할 나위 없이 행복할 것이다. 그런데 이 노래 가사 중 'make fireflies dance'라는 부분이 있다. '반딧불이가 춤을 추게 해주세요'라고 해석해도 되지만 '반딧불이들의 춤을 추세요'라고 하면 어떨까 싶었다. 반딧불이의 춤을 본 적이 있는가? 나는 있는 것도 같고 없는 것도 같았다. 반딧불이를 좋아해서 그동안에도 틈만 나면 몇 번이나 보러 다녔는데 아주 많은 반딧불이들이 한꺼번에 춤을 추는 것은 못 본 듯도 했다. 한 마리가 손바닥 위에 앉거나 강물 위나 풀잎 위에 있거나 수백 마리가 나무 위에 있거나 수천 마리가 동굴 벽에 별처럼 붙어 있거나. 물론 그 자체도 경이롭다. 어둠 속에서 홀연히 나타난 빛이기 때문이다. 그래도 반딧불이 춤을 보고 싶었다. 반딧불이도 나비처럼 경로를 알 수 없게 움직이니 그 춤이 어떨까 예측하는 것은 소용없는 일 같았다.

이 노래를 편집하고 보홀로 여행을 갔다. 여행 사흘째에 점심도 먹을 겸 로복 강을 오가는 유람선을 탔다. 로복 강은 아주 큰 강이라서 강가에 많은 마을이 있었다. 유람선 위에서는 관광객들의 흥을 돋우기 위해서 필리핀 여가수가 노래를 불렀다. 그런데 첫 곡이 바로 〈Kiss me〉였다. 귀가 번쩍 트이면서 반가운 우연이라고 생각했다. 그런데 우연은 여기서 끝이 아니었다. 그날 밤 나는 반딧불이 투어를 갔다. 특별한 기

대는 없었다. 그저 아주 자연스러운 선택이었을 뿐이다. 투어 장소는 아바탄이라는 이름의 강으로, 로복 강처럼 커다랗고, 맹그로브나무가 우거진 강이었다. 반동bandong이라는 작은 전통 나룻배를 타고 강을 거슬러올라갔다. 노가 가르는 물살 소리만 들리는 조용한 밤이었고 밤은 침묵하고 싶을 만큼 순수했다. 강의 물살에 흔들리는 작은 배 위에 앉아 나도 같이 흔들릴 때, 어두운 마음이 한결 가벼워져서 이른 샛별이라도 볼 것만 같았다. 그런데 어느 순간 갑자기 어둠 속에서 뭔가가 '홀연히 그리고 경이롭게' 나타났다. 눈부시게 빛나는 것이었다. 그런데 그 눈부심은 도시를 장악한 네온사인의 눈부심과도 스포트라이트와도 너무나 달랐다. 그것은 바로 수십만, 수백만, 수천만, 수억만 마리, 별처럼 많은 반딧불이였다. 반딧불이들은 밤을 가로질러 움직였고 희미한 빛으로 어둠에 틈을 내면서 서로 '반짝' '반짝' 만났고, 만나서 맹그로브를 에워쌌고 반딧불이가 에워싼 나무는 공중에 떠 있는 (비록 일시적이지만) 거대한 크리스마스트리로 찬란하게 변했다. 나는 반딧불이들이 바로 그렇게 모여 있는 것을 처음 보았다. 그들은 움직이면서 춤을 추면서 발광체 나무를 만들었다. 반딧불이는 지상의 별이기 때문에 반딧불이들이 춤을 추며 만든 발광체 나무는 내가 단 한 번도 본 적 없는 별자리였다. 마술이었다. 만지면 사라질 것 같았다. 그날 밤 나는 거대한 세 그루의 반딧불이 나무를 봤다. 반딧불이들은 어둠 속에서 불쑥 나타나고 여기서 사라지면 저기서 나타나고 산발적이고 한 마리 한 마리로는 미약하지만 만나면 빛을 내고 더 많이 만나면 더 강한 빛을 내고 있었다. 더 많을수록 더 강력하게 아름다웠다. 몇 겹의 은하수를 나무에 칭칭 감아놓은 것도 같았다.

어둠과 빛, 물과 빛, 나무와 빛이 빚어내는 야상곡의 밤이었다. 숨도 쉴수 없는 이런 만남이 펼쳐지는 곳에 있자니 삶에는 신비로운 점들이 있다고 믿지 않을 수가 없었다.

그런데 문득 나는 내가 낮에 반딧불이 춤을 추는 것을 이미 본 것이 아닌가 하는 생각이 들었다.

유람선을 타고 로복 강을 흘러갈 때, 강 중간중간에 나무로 된 임시 무대가 일정 간격을 두고 몇 개나 설치되어 있는 것을 보았었다. 무대마다 노란색, 주황색, 하늘색 등 각기 다른 색깔의 옷을 입은 사람들이 손을 흔들면서 서 있었다. 보홀에서 나의 말동무 겸 가이드 역할을 했던 안젤라는 그들이 '론달랴 그룹'이라고 불리는 일종의 로컬 뮤지션들이라고 이야기해줬다. 주로 농부인 마을 사람들이 자기 마을의 역사나 이야기, 강에 관한 느낌을 노래와 춤으로 만들어서 공연을 한다고 했다. 론달랴는 언제나 사랑을 노래한다고 했다. 내가 탄 배는 레몬 노란색 마을 사람들 앞에 멈췄었다. 무대는 오렌지색과 흰색의 열대 꽃으로 장식되어 있고 금실이 수놓은 화려한 옷을 입은 성모님 인형도 있었다. 할아버지부터 청년까지 다양한 연령대의 네 명의 남자들과 한 명의 여자가 악기를 연주했다. 기타도 있고 필리핀 전통 악기인 반두리아도 있었다. 가장 젊은 처녀부터 더 나이가 많은 아낙, 할머니까지 함께 반주에 맞추어 노래를 부르고 박수를 치고 춤을 추었다. 눈에 띄게 춤을 잘 추는 젊은, 긴 머리의 처녀는 움직임이 너무나 활기차서 몇몇 관광객들은 그녀가 이끄는 대로 무대에 함께 올라가 티니클링을 출

수밖에 없었다. 타갈로그어 합창으로 공연은 끝났다. 관광으로 섬과 현지인의 생활이 파괴되는 것을 막기 위한 에코 투어 프로그램 중 한가지였다. 공연할 때 그들의 표정이 좋았다. 즐겁고 활기차 보였다. 햇볕과 고된 노동으로 지치고 평범해 보였던 사람들이 빛나고 비범해 보이는 순간이었다.

그런데 아바탄 강의 반딧불이 춤을 보고 낮에 본 것을 떠올려보니 그 또한 반딧불이 춤이라는 생각이 들었다. 우리가 사는 도시는 이제 삭막한 공간으로 변했다. 아스팔트와 회색 건물이 장악하고 있다는 뜻이 아니다. 아무리 옥상정원을 만들고 화려한 난초 화분으로 꾸미고 자전거 도로를 내고 유람선을 띄워도 삭막한 추상적 논리가 골목골목을 흘러다니고 있다면 삭막한 공간일 뿐이다. 대학 잔디밭에 아무리 폭포가 흐르고 벚꽃이 만발해도 취업률이라는 숫자가 대형 강의실, 복도, 교수회관, 학생회관, 교수 연구실, 세미나실을 흐른다면 그 공간은 삭막할 뿐이다. 추상적 공간은 합리성이라는 이름으로 숫자로 모든 차이를 지운다. 로복 강에 맥도널드와 유기농 주스를 파는 글로벌 체인점뿐이었다면 그 또한 아무리 코코넛나무가 우거졌어도 삭막하게 추상적인 공간일 뿐이다. 그렇지만 나는 뜻밖의 것을 보았던 것이다. 그곳에 사는 사람들이, 그곳에 사는 경험을, 그곳의 언어로 노래하고 표현하는 것. 이것이야말로 반딧불이 춤의 핵심과 맞닿아 있다. 반딧불이는 사라진 줄 알았는데 나타나는 것이고 예상치 못하게 존재하는 것이고 파괴되지 않은 소수적인 것이기 때문이다. 밤의 한가운데서 살아남은 것이기 때문이다.

언젠가 반딧불이에 대해서 친구들과 이야기를 나누었던 기억이 난다.

우리에게 반딧불이는 하나의 은유, 특히 희망에 대한 은유였다. 끝없이 운동하면서 자유를 누리는 것, 고립이 아닌 것, 희미하지만 사랑할 때만 깜빡거리는 것. 그럼에도 불구하고 춤을 추는 것, 사라지면서 빛을 남기는 것. 아무런 희망이 보이지 않는 것만 같은 어둠 속에서 더욱 빛나는 경탄스러운 인간성과 인간의 존엄을 지키기 위한 본능 같은 것.

이제 나는 'make fireflies dance'를 일상의 작은 행복과 연결시킨 것이 확실히 신의 선곡이었다고 다시 주장하고 싶다. 우리 시대의 일상의 작은 행복은 이 눈부신 스펙터클 사회의 반딧불이 춤 같은 것이어야 한다. 어둠 속에서 홀연히 날아올라서 가짜로 찬란한 무생물의 빛이 가득 찬 도시에 틈새를 내고, 사랑하기 위해서 빛을 내고 '반짝' 만나서 '번쩍' 빛나는 발광체 공동체를 만들고, 우연히 만났지만 오래 오래 지속되고…… . 이것이 희망일 것이다. 키스하고 싶은 나날일 것이다.

그런데 신의 선곡이 한 곡 더 있다. 그것은 〈Isn't she lovely〉와 관련된 것이다. 역시 보홀과 그리고 스페인에 관련된 것이다. 다음 기회에…… .

정혜윤 / CBS 라디오 프로듀서. 우리 시대의 탁월한 북 칼럼니스트이자 감각 있는 에세이스트. 지은 책으로 『침대와 책』 『런던을 속삭여줄게』 『여행, 혹은 여행처럼』 『삶을 바꾸는 책 읽기』 『세계가 두 번 진행되길 원한다면』 『마술 라디오』 『그의 슬픔과 기쁨』 『스페인 야간비행』 등이 있다. 〈김어준의 저공비행〉 〈시사자키 오늘과 내일〉 〈공지영의 아주 특별한 인터뷰〉 등 '사람'의 '이야기'를 채집하는 방송을 오늘도 만들고 있다.

les parapluies de cherbourg
un film de jacques demy
mis en musique par michel legrand

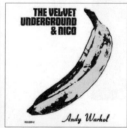

<Soo Sung Land>
by
amature amplifier

epilogue

삶은 놀이이다. 하얀 구름, 분홍색 코트. 생은 작은 손. 저 높은 하늘을 나는 비행기.

탱고. 노래. 리듬. 삶은 언어다. 언어는 유리와 마른 나무판 그리고

풀로 만들어져 있다. 나는 아침으로 꽃다발을 먹는다.

– 쉰네 순 뢰에스